印度吠陀數學

速解法

Vedic Mathematics
for Intellingent Guessing
by Pradeep Kumar

普拉地・庫馬◎著作
羅倩宜◎翻譯

前言

過去七年，我教過許多準備參加競爭極度激烈的考試的學生。

其中有百分之五十的人只是去「參考」考試題目，類似陪考的性質。另外有百分之二十五的人是基於各方壓力才去考試。例如，同儕壓力、雙親的壓力、配偶的壓力、家庭壓力等。

只有剩下百分之二十五的人才是真正有在認真準備考試。這些學生投入大量時間和精力，全力以赴。

競爭異常激烈的考試是很難擊破的關卡。我的經驗告訴我，這類考試是為了在同儕中出類拔萃，獲取先機。

這種情況下一定要有一些優勢才能成功。而這些優勢可能就來自於古印度流傳的神奇「秒算法」（我的前一本著作）和「速解法」（正是本書的精髓）。

由於有許多人問我，吠陀數學秒算法和速解法到底對我們有什麼益處。因此，我寫作本書，希望能把吠陀數學的益處介紹給大家。

我個人很慶幸完成了這項工作，希望閱讀我著作的學生們都能從中獲益。

普拉地‧庫馬

資訊科技暨商業管理雙碩士

印度管理學院‧班加羅爾分校

目　錄

第三章　印度式應試技巧

第四章　印度考試狀況

第一章

聰明
猜題法

你一定聽過「聰明猜題法」。在定義它以前，我先定義何謂競爭。競爭無所不在，現在就連學齡前的兒童也已經面臨競爭。就學以後，更有成千上百的競爭在等著你。例如，服裝比賽、音樂比賽、演講比賽等。

競爭有一個很重要的功能，他能突顯個人才華，並且加以鍛鍊。它激勵學生拿出更優異的表現。不過，我們必須先來理解一下何謂競爭。

大家常說競爭是一種篩選的過程。優秀、用功的學生才會被選出來。以大學工學院和醫學院的入學考試來說，每年有一百五十萬位學生參加考試，成功考上的卻寥寥無幾。

我們從另一個角度來看，通常任何一個考試都是大部分的學生被淘汰，只有一小部分被錄取。在高度競爭的考試當中，能力較差的考生會直接出局。而所謂的能力，包括對特定領域的知識、是否能活用知識，以及解題的快慢，也就是速度夠不夠快。

什麼是聰明猜題法？

每個人都在講如何猜題，專家也在討論，不過卻沒有人能提出明確的定義。有些專家說，如果不能百分之百準確地答題，就要有技巧地猜題。在本章我就來好好定義一下猜題的技巧。

你一定看過類似「百萬大富翁」這種電視猜題節目。如果你曾經幻想過，你去報名參加，並且被製作單位選上，然

後坐在主持人面前，他丟出問題，而你卻知道答案，並且可以不必求救，也不需要猜測。不過，假如很不幸地你剛好不會這一題，那麼，你就得使用求救法了。然後再依據求救得來的提示找出正確答案。

我們來說明一下，求救之後得到提示時，你腦中會出現什麼樣的思考程序。還有，你可能出現的另一種狀況，當你完全無法理解求救線索在講什麼時，你又會出現怎樣的思考方式。

聰明猜題法

你試著正確地推敲求救所給你的線索（或許你心裡已經有一點概念）。接下來的步驟是你的思考過程。

在上述的過程中，你必須先瀏覽每個答案，然後運用你僅有的一點知識把不可能的答案刪除。在刪去的過程中，理想的狀況是，最後只剩下一個答案。如此一來，你答對的機率，就比盲目瞎猜要高出許多。

求救法有三種選項：

I 徵求觀眾 投票意見	II 電話求救	III 消去法

出現問題選項

A	B	C	D

不曉得答案

▼

使用求救法 I（徵求觀眾投票意見）

▼

透過求救得到線索
消去選項 D

A	B	C	D

使用求救法 II（電話求救）

▼

透過求救得到線索
消去選項 C

A	B	C	D

使用求救法 III（消去法）

▼

透過求救得到線索
消去選項 B

A	B	C	D

▼

得到最後的答案 A

聰明
猜題法

瞎猜法

你試著從求救所得的線索中理出頭緒（卻一點概念也沒有）。接下來就是你的瞎猜模式：

1. 閉上眼睛，隨便指向一個答案。
2. 擲銅板。
3. 擲骰子。
4. 閉上眼睛，用右手去抓左手的手指（每根手指分別代表a, b, c, d四個答案）
5. 在桌上畫四個圈圈，裡面寫上a, b, c, d，然後閉上眼睛，看手指指到哪一個。
6. 用上述任何一個方式，得出來的就是你的答案。

盲目瞎猜的方式還有非常多，只是你怎麼能肯定你的答案是對的？相信我，以這樣的作法十之八九都是錯的。

萬一你參加的考試，每錯一題要倒扣分數怎麼辦？通常錯一題扣0.25分，錯四題等於扣一分。那麼很有可能最後的總分會出現負分。

看到這裡，希望你已經了解猜題的概念。

當你用瞎猜法來解題時，只會盲目地犯錯。你並沒有思考每一個答案，而是隨機選一個答案。這完全沒考慮到猜錯會對總分造成什麼影響。相對地，聰明猜題法是考慮過所有的選項後，把錯誤的刪除。這對考試成績有正面的幫助，而且通常猜對的機率有四分之三。

比較兩種狀況的結果（一般而言）

下面這個表格，是瞎猜法和聰明猜題法的總分結果分析。

方式	正確率	對總分的影響
瞎猜法	**10**	對總分有負面影響
聰明猜題法	**75**	對總分有正面影響

※請特別注意兩種猜題法對總分所造成的影響。

下面的例子可以解釋得更清楚一點：

有兩個學生參加一項考試，考題總共有100題。兩個學生各做對了50題。剩下不懂的題目，甲生用瞎猜法，乙生用聰明猜題法。

我們來看看三種不同計分方式會得到什麼結果：

計分方式1：每對一題得一分，每錯一題扣一分

計分方式2：每對一題得一分，每錯四題扣一分

計分方式3：每對一題得一分，每錯一題不扣分

▶**比較兩位學生的成績——計分方式1**

甲生（瞎猜法）

$50 + (50 \times 0.1) - (50 \times 0.9) = 10$

乙生（聰明猜題法）

$50 + (50 \times 0.75) - (50 \times 0.25) = 75$

使用瞎猜法的甲生，成績為10分，而使用聰明猜題法的乙生，則為75分。

▶比較兩位學生的成績──計分方式2

甲生（瞎猜法）

$$50＋（50×0.1）－（50×0.9）×0.25＝43.75$$

乙生（聰明猜題法法）

$$50＋（50×0.75）－（50×0.25）×0.25＝84.375$$

使用瞎猜法的甲生，成績為43.75分，而使用聰明猜題法的乙生，則為84.375分。

▶比較兩位學生的成績──計分方式3

甲生（瞎猜法）

$$50＋（50×0.1）＝55$$

乙生（聰明猜題法法）

$$50＋（50×0.75）＝87.5$$

使用瞎猜法的甲生，成績為55分，而使用聰明猜題法的乙生，則為87.5分。

這樣清楚了吧！誰的成績比較好呢？

何時使用聰明猜題法？

這一章我們要來了解什麼時候、什麼場合可以運用聰明猜題法。

當選擇題碰上聰明猜題法

聰明猜題法只能用在多重選擇題的測驗。對於問答題是沒有作用的。

回答選擇題的時候，考生可能面臨下列四種情況之一：

1. 知道答案。
2. 知道概念，可以推算答案。
3. 不清楚概念，無法推算答案。
4. 介於上述三者之間。

現在我們利用下面的例題來解釋這四種情況：

【知道答案】

①印度果亞（Goa）的首府叫什麼？

A.門格洛爾（Mangalore）B. 柯爾哈普（Kolhapur）
C.那格浦爾（Nagpur）　　D. 蘭契（Panaji）

②下列哪一種是澳洲的貨幣？

A. 圓（Yen） B.里拉（Lira）
C. 美金（Dollar） D. 盧比（Rupaiya）

③泰姬瑪哈陵是沙賈汗王為哪一位愛妃蓋的？

A. 茹葛雅
B. 努爾・賈汗（Nur Jahan）
C. 郭碧卡・瓦瑪（Gopika Varma）
D. 葛塔芝・瑪哈（Mumtaz Mahel）

④印度有幾個省份？

A. 25 B. 27 C.28 D.30

⑤誰是印度第一任總統？

A. 羅達克立須那（Radha Krishanan）
B. 尼赫魯（Pandit Nehru）
C. 拉伽德拉・普拉薩德（Rajendra Prasad）
D. 吉亞尼・宰爾・辛格（Gyani Zail Singh）

正確答案如下：
①D ②C ③D ④C ⑤C

【知道概念，可以推算答案】

①某甲出門買襯衫和長褲，一件襯衫365元，一件長褲585元。他買了兩件長褲和兩件襯衫。店員收他每件長褲修改費25元，請問他必須付店員多少錢？

A. 1850元　　　B. 1950元　　　C. 1900元　　　D. 2050元

②乾洗店洗一件西裝100元、一條領帶20元、一件連身裙60元。每洗一件西裝可以免費洗兩條領帶。有一人拿了一件西裝、四條領帶和三件連身裙去乾洗，假設要加收5％的服務費，請問他總共該付多少錢？

A. 320元　　　B. 336元　　　C. 326元　　　D. 340元

③一台200公尺長的火車經過300公尺長的月台需要40秒。某人以時速5公里的速度跟火車同方向通過月台，請問需要花多少時間？

A. 18秒　　　B. 16秒　　　C. 17.5秒　　　D. 20秒

④一個臨時軍營有2000位士兵。他們的儲糧足夠他們食用45天。20天後，又再加入了2500名士兵。假設申請糧餉需要花十天的時間，請問距離提出申請糧餉的日子還有幾天？

A. 5天　　　B. 10天　　　C. 15天　　　D. 20天

⑤一個老人用每匹9萬5千元的價格賣了兩匹馬。一匹獲
　利5%，另一匹虧損5%。請問他賺或賠的百分比是多
　少？

A.賺5%　　B.賺25%　　C.賠0.25%　　D.賺0.25%

正確答案如下：
①B　　②B　　③A　　④B　　⑤C

【不清楚概念，無法推算答案】

①Mandukparni是什麼東西？

A.動物　　B.樹木　　C.病毒　　D.藥草

②Asav是什麼類的溶劑？

A.中性　　B.酸性　　C.鹼性　　D.並無此物

③濕婆經（Shulva sutra）發現於西元前幾年？

A.300年前　　B.500年前　　C.600年前　　D.800年前

④下列何者與濕婆經有關？

A.三角函數　　B.幾何學　　C.微積分　　D.統計學

遇到這類問題很簡單，你可以先跳過。不過我還是會提供答案。

①D　　②B　　③D　　④B

我建議當你不太清楚答案，或是介於知道與不知道之間時，就可以使用**聰明猜題法**。

聰明猜題法的技巧

　　聰明猜題法需要一些技巧。什麼樣的技巧呢？怎麼樣才可以運用到最好？

　　聰明猜題法的技巧能幫助你刪去錯誤的答案。

　　這些技巧包括：

1. 消去法
2. 概算法
3. 驗算法

消去法

　　學習聰明猜題法的第一步，必須先學習消去法。在這裡提供一連串的技巧，運用這些技巧就能消去錯誤的答案。除了以下列出的這些，你也可以根據考試的臨場經驗，歸納出屬於自己的猜題技巧。

一、瀏覽消去法：

- 如果選項裡有絕對性或概括性的字眼，這些通常都是錯的（例如，所有、全部、永遠、絕不可能等）。
- 看起來不可能的選項，或者與問題毫無關聯的選項，通常是錯的（還有一種選項看起來很有道理，但是與問題完全不相干，這點需要特別小心）。
- 如果有兩個以上的選項都在講同一件事，那它們可能都是錯的（錯的答案可以有兩個，但是對的答案不可

能有兩個）。

- 這一題的答案有時候可以在別的題目裡找到（可以從測驗裡找到許多線索）。
- 如果三個以上選項都是用不同方式在描述同一個概念，那其中一個必然是正確答案。如果有一個概念是錯的，出題的人通常不會浪費三個選項來解釋它。這種出題方式是要考驗你的辨別能力。
- 如果答案中有兩個發音相似的字眼，如「subordination」和「subrogation」，那麼其中一個應該是正確答案。
- 如果兩個答案幾乎一模一樣，只有一兩個字不同，那麼其中一個通常是正確答案。
- 如果兩個答案很極端，通常就可以把兩個都刪去，再從剩下的選項裡找出答案。例如，如果答案是數字，四個選項分別是3、57、89、1103，應該可以把3和1103刪去，從剩下的答案裡選一個。
- 如果實在沒辦法刪去任何選項，就選第三個答案。猜對的機率通常大於四分之一。
- 不要質疑考題，接受考題的陳述。
- 如果實在沒有線索，可以參考這幾個方法：
  a. 找一個和題目拼起來最合理句子的選項。
  b. 注意主詞和動詞的配合
  c. 注意出題者使用習慣的詞句
  d. 選最長的那個答案。出題的人可能會使用比較多文字來形容答案，以便更精準，因此也會是最正確的。
- 如果有兩個選項都是正確的，而答案又只有一個，那麼你應該選「以上皆是」。

聰明
猜題法

- 如果出現第五個選項，而又不是每題都有五個選項，那麼選五答對的機率至少有80%。
- 以上這些技巧並不是隨時都對，所以要視情況，在必要的時候使用。

二、逆向消去法：

在測驗的過程中，會遇到很多問題，如果按順序由前往後解題，會花掉太多時間。這時候，建議你從後面往前解題，也就是從答案推算回題目。

什麼是「逆向消去法」？

所謂逆向就是逐一地去測試答案選項，看看哪一個是對的。你可能一試就中，也可能試到最後一個選項才對。如果要測試三個選項以上才能找到答案，那也只能算你運氣太差。而且這種作法會花很多時間，可是考試的時候分秒必爭，你會讀本書，也是想要在短時間內解答更多題目。

如果想要一試就中，我這裡有個秘訣可以幫你，把這些秘訣多加練習，熟能生巧，成功就是屬於你的。

現在你一定會問「秘訣是什麼？」想要一猜就中，可以結合**瀏覽消去法**和**逆向消去法**。怎麼說呢？先前提到的瀏覽消去法，不正是把錯誤的答案刪除，如果再加上逆向消去法的技巧。六次中通常有五次會猜中正確答案。

關於其他兩個技巧 —— 概算法與驗算法，會分別於第2章「除法」、「驗算技巧」的章節中作說明。

第二章

秒算法

秒算法可以幫助你快速計算平方、乘法、加法、減法、除法、立方、平方根、立方根及百分比等。

平方

這是所有測驗裡最重要的一環。學生遇到每個考題都會試著去解題，可是遇到平方就會先放著。但是，這種題目隨時都會出現，為了解決它，很多補習班要求學生把1到100的平方全都背起來。可是我們並不建議用這種死背的方法。這樣不只耗費腦力空間，而且通常會背錯。

所以為了解決這個問題，我提供各位兩種計算方法，一種是印度數學裡的「Yavdunam sutra」，另一種是「速算法」。

接近100的數字平方

 Yavdunam sutra

這個方法是依據基準數來作變化。基準數可以是10或10的倍數、100或100的倍數，以及1000或1000的倍數。

在這裡為了方便解說，我們用10及10的倍數、100及100的倍數來舉例。首先是接近100又小於100的數的平方。

・數字小於100的平方

假設你要計算一個接近100或又小於100的數字的平方。首先，我們以98的平方為例，傳統的算法如下：

$$
\begin{array}{r}
98 \\
\times 98 \\
\hline
784 \\
882 \\
\hline
9604
\end{array}
$$

答案是9604。傳統的計算方式較費力，而且也很浪費時間。

那麼，你想不想學另一種更快的算法？說不定比電腦計算還快。快來試試看！

首先要算出這個數字和100的差距，如果比100多就用加法，如果比100少就用減法。然後將得到的數字放在左邊，接著在右邊，寫上差距數字的平方。最後再將兩組數字合在一起，答案就出來了。

範例：

$$
\begin{aligned}
98^2 &= 98-2 \diagup 2^2 \\
&= \quad 96 \diagup 04 \\
&= \qquad 9604
\end{aligned}
$$

🎵 運算步驟：

1. 基準數為100。
2. 用100減掉98，差距數字為2，所以在左邊寫上98減2，然後在右邊寫上差距數字2的平方。
3. 最後將兩組數字合在一起，即得到9604。

例題：

1.

$$97^2 = 97 - 3 \diagup 3^2$$
$$= \quad 94 \quad \diagup 09$$
$$= \quad\quad 9409$$

2.

$$95^2 = 95 - 5 \diagup 5^2$$
$$= \quad 90 \quad \diagup 25$$
$$= \quad\quad 9025$$

3.

$$92^2 = 92 - 8 \diagup 8^2$$
$$= \quad 84 \quad \diagup 64$$
$$= \quad\quad 8464$$

4.

$$89^2 = 89 - 11 \diagup 11^2$$
$$= \quad 78 \quad \diagup 121$$
$$= \quad\quad 7921$$

※斜線（／）是用來區隔左邊及右邊的數字。

記住，將基準數訂在10、100或1000時，基準數有幾個零，斜線右邊就會有幾位數，如有超過，請把數字進位到左邊數字中。

剛剛我們看到，要算出接近100的數字的平方，計算速度非常快。那我們可不可以將同樣的技巧運用在超過100的數字上呢？

· **數字大於100的平方**

範例：

$$102^2 = 102 + 2 \diagup 2^2$$
$$= \quad 104 \diagup 04$$
$$= \quad 10404$$

🫖 **運算步驟：**

1. 基準數為100。

2. 因為102比100多2，因此差距數字為2。在左邊寫上102加2，然後在右邊寫上差距數字2的平方。

3. 最後將兩組數字合在一起，即可得到10404。

例題：

1.

$$103^2 = 103 + 3 \diagup 3^2$$
$$= \quad 106 \diagup 09$$
$$= \quad 10609$$

2.

$$107^2 = 107 + 7 \diagup 7^2$$
$$= \quad 114 \diagup 49$$
$$= \quad 11449$$

3.

$$111^2 = 111 + 11 \diagup 11^2$$
$$= \quad 122 \diagup 121$$
$$= \quad 12321$$

4.

$$116^2 = 116 + 16 \diagup 16^2$$
$$= \quad 132 \diagup 256$$
$$= \quad 13456$$

※注意：

> 例題3、4，由於斜線右邊數字超過基準數0的位
> 數，所以將多出來的位數（即百位數），進位到左
> 邊。

　現在，只要是接近100的數字，你都能利用剛剛的算法快
速計算。接下來，我們把這個技巧再加以擴大應用，學習計
算接近50、200、150、300等的數字平方。

(1) 86^2 **(2)** 92^2

(3) 94^2 **(4)** 97^2

(5) 99^2 **(6)** 103^2

(7) 106^2 **(8)** 108^2

(9) 109^2 **(10)** 112^2

解答：

(1) 7396 **(2)** 8464 **(3)** 8836

(4) 9409 **(5)** 9801 **(6)** 10609

(7) 11236 **(8)** 11664 **(9)** 11881

(10) 12544

接近200的數字平方

接下來我要再問，200可不可以寫成100乘以2？

$$200＝100×2？$$

如果你已經了解前面的說明，相信你一定知道這個提示的用意是什麼。如果你還是不清楚，請再回去前面的範例重新仔細地看一遍。

現在你懂了嗎？你知道線索在哪裡了嗎？

好，我們來看看下面這個例子，假設你要計算201^2，我們可以把它寫成：

$$
\begin{aligned}
201^2 &＝（201＋1）×2／1^2 \\
&＝\quad\quad 202\quad ×2／01 \\
&＝\quad\quad 404\quad\quad ／01 \\
&＝\quad\quad\quad\quad 40401
\end{aligned}
$$

運算步驟：

1. 200等於基準數100的2倍，所以可以寫成100乘以2。

2. 因為201比200多1，因此差距數字為1。在斜線左邊寫上201加1再乘以2，然後在右邊寫上差距數字1的平方。

3. 最後將兩組數字合在一起，即可得到40401。

用傳統的乘法來驗算一下：

$$
\begin{array}{r}
201 \\
\times\,201 \\
\hline
201 \\
000 \\
402 \\
\hline
40401
\end{array}
$$

例題：

1.

$$
\begin{aligned}
202^2 &= （202＋2）\times 2 ／ 2^2 \\
&= \quad\ \ 204 \quad \times 2 ／ 04 \\
&= \qquad\ \ 408 \qquad ／ 04 \\
&= \qquad\qquad\quad 40804
\end{aligned}
$$

2.

$$
\begin{aligned}
203^2 &= （203＋3）\times 2 ／ 3^2 \\
&= \quad\ \ 206 \quad \times 2 ／ 09 \\
&= \qquad\ \ 412 \qquad ／ 09 \\
&= \qquad\qquad\quad 41209
\end{aligned}
$$

3.

$$
\begin{aligned}
192^2 &= （192－8）\times 2 ／ 8^2 \\
&= \quad\ \ 184 \quad \times 2 ／ 64 \\
&= \qquad\ \ 368 \qquad ／ 64 \\
&= \qquad\qquad\quad 36864
\end{aligned}
$$

(1) 204^2 **(2)** 193^2

(3) 195^2 **(4)** 199^2

(5) 194^2 **(6)** 197^2

(7) 205^2 **(8)** 206^2

(9) 299^2 **(10)** 404^2

IQ 解答：

(1) 41616	**(2)** 37249	**(3)** 38025
(4) 39601	**(5)** 37636	**(6)** 38809
(7) 42025	**(8)** 42436	**(9)** 89401
(10) 163216		

接近50的數字平方

那麼，請問可不可以將50寫成100除以2呢？我想大家一定會說可以！你知道我為什麼要問這麼簡單的問題嗎？親愛的讀者，因為我們要用這個原理來找出接近50的數字平方。現在假設你要計算48^2。

·第一種方法

如果按照剛才的公式計算，應該是：

$$48^2 = 48 - 2 \diagup 2^2$$
$$= \quad 46 \diagup 04$$
$$= \qquad 4604$$

我們用傳統乘法來驗算一下：

$$
\begin{array}{r}
48 \\
\times 48 \\
\hline
384 \\
192 \quad \\
\hline
2304
\end{array}
$$

答案應該是2304才對。為什麼我們用之前的公式算出來的答案4604是錯的呢？我們是不是漏了什麼？

這就是我為什麼要問50可不可以寫成100除以2的原因。現在這就要派上用場了。

要找出正確的答案，必須把左手邊的數字除以2。為什麼？因為50等於基準數100除以2。也就是說斜線左邊的數字要除以2。

範例：

$$48^2 = （48-2）\div 2 / 2^2$$
$$= \quad 46 \quad \div 2 / 04$$
$$= \qquad 23 \quad / 04$$
$$= \qquad\qquad 2304$$

運算步驟：

1. 50等於基準數100的$\frac{1}{2}$倍，所以可以寫成100除以2。

2. 因為48比50少2，因此差距數字為2。在左邊寫上48減2再除以2，然後在右邊寫上差距數字2的平方。

3. 最後將兩組數字合在一起，即得到2304。

例題：

1.

$$47^2 = （47-3）\div 2 / 3^2$$
$$= \quad 44 \quad \div 2 / 09$$
$$= \qquad 22 \quad / 09$$
$$= \qquad\qquad 2209$$

2.

$$46^2 = （46-4）\div 2 / 4^2$$
$$= \quad 42 \quad \div 2 / 16$$
$$= \qquad 21 \quad / 16$$
$$= \qquad\qquad 2116$$

秒算法

3.

$$53^2 = (53 + 3) \div 2 / 3^2$$
$$= \quad\quad 56 \quad\quad \div 2 / 09$$
$$= \quad\quad 28 \quad\quad\quad / 09$$
$$= \quad\quad\quad\quad\quad 2809$$

4.

$$52^2 = (52 + 2) \div 2 / 2^2$$
$$= \quad\quad 54 \quad\quad \div 2 / 04$$
$$= \quad\quad 27 \quad\quad\quad / 04$$
$$= \quad\quad\quad\quad\quad 2704$$

・第二種方法

之前提到幾種計算平方數的技巧，如果沒有把下面這種也列出來，我覺得不夠完整，因此多提出另一個方法給大家參考。

範例：

$$51^2 = 5^2 + 1 / 1^2$$
$$= \quad 26 \quad / 01$$
$$= \quad\quad 2601$$

運算步驟：

1. 這種算法是將斜線左邊的數字變成 5^2 加減差距數字來計算。

2. 因為51比50多1，因此差距數字為1。在左邊寫上 5^2 加1，然後在右邊寫上差距數字1的平方。

3. 最後將兩組數字合在一起，即得到2601。

例題：

1.
$$52^2 = 5^2 + 2 \diagup 2^2$$
$$= \ \ 27 \ \diagup 04$$
$$= \ \ \ \ \ 2704$$

2.
$$48^2 = 5^2 - 2 \diagup 2^2$$
$$= \ \ 23 \ \diagup 04$$
$$= \ \ \ \ \ 2304$$

3.
$$47^2 = 5^2 - 3 \diagup 3^2$$
$$= \ \ 22 \ \diagup 09$$
$$= \ \ \ \ \ 2209$$

你知道為什麼這樣的關係只存在於接近50的數字嗎？
請動腦筋想想看！

(1) 54^2 **(2)** 49^2

(3) 41^2 **(4)** 45^2

(5) 44^2 **(6)** 42^2

(7) 55^2 **(8)** 56^2

(9) 57^2 **(10)** 58^2

解答：

(1) 2916	**(2)** 2401	**(3)** 1681
(4) 2025	**(5)** 1936	**(6)** 1764
(7) 3025	**(8)** 3136	**(9)** 3249
(10) 3364		

任何二位數的平方

　　以下要介紹的這個公式非常好用，我在上一本《印度吠陀數學秒算法》中有提過。這個公式能夠運用在很多地方，而且只需花極短的時間就可以解出答案，甚至可以完全改變你的解題方式。

　　這個公式隨處可用，因為它很快又很簡單。而且上過國中基礎代數的人都知道這個公式。

請張大眼睛看清楚喔！

$$(a+b)^2 = a^2 + 2ab + b^2$$

　　不過請告訴我，這可以用在什麼地方？請思考看看，我敢說，它的實際用途並不多。

　　接下來我現在就要告訴大家，該怎樣盡情地發揮這個公式的效用。

範例：

$$72^2 = (70+2)^2$$
$$= 70^2 + (2 \times 70 \times 2) + 2^2$$
$$= 4900 + 280 + 4$$
$$= 5184$$

1. 將 72^2 代入公式 $(a+b)^2=a^2+2ab+b^2$。

2. 將70代入 a、將2代入 b，將兩數字代入公式計算得到答案5184。

例題：

$$66^2=(60+6)^2$$
$$=60^2+(2\times60\times6)+6^2$$
$$=3600+720+36$$
$$=4356$$

而現在我們可以使用快速的「速算法」計算，在這之前請讓我解說一下速算法的公式。

$$(a/b)^2=a^2/2ab/b^2$$

假設你要用這個公式計算 72^2。

72^2 可以將7當作 a，2當作 b，因此算式就會如下：

$$72^2=7^2/2\times7\times2/2^2$$
$$=49/28/4$$
$$=5184$$

🎐 運算步驟：

1. 將 72^2 代入公式 $(a/b)^2=a^2/2ab/b^2$。

2. 將7代入 a、將2代入 b，將兩數字代入公式計算。

3. 從最右邊開始，把 $2^2=4$ 放在第一位數，由於沒有需進

位的數字，因此把2乘以7再乘以2得到28的8放到第二位數，留下2要進位。

4. 然後再把需進位的十位數數字2加到最左邊的數字，也就是49再加上2得到51。

5. 將兩個數字合起來，就能得到答案5184。

答案和前面算出來的一樣。

你覺得如何？如果你了解這些步驟，那就太棒了。

如果還不了解，請試著計算下面這個例題。

$$66^2 = 6^2 \diagup 2 \times 6 \times 6 \diagup 6^2$$
$$= 36 \diagup 72 \diagup 36$$
$$= 4356$$

運算步驟：

1. 將66^2代入公式$(a \diagup b)^2 = a^2 \diagup 2ab \diagup b^2$。

2. 將6代入a、將6代入b，將兩數字代入公式計算。

3. 從最右邊開始，把6放在第一位數。將剩下的十位數數字3加到左邊，也就是與72相加，因此得到75。

4. 然後將5留下，再把需進位的十位數數字7加到最左邊的數字，也就是36再加上7得到43。

5. 將三個數字合起來，就能得到答案4356。

現在應該了解了吧！

秒算法

(1) 43^2 **(2)** 36^2

(3) 54^2 **(4)** 64^2

(5) 87^2 **(6)** 28^2

(7) 33^2 **(8)** 75^2

(9) 89^2

解答：

(1) 1849	**(2)** 1296	**(3)** 2916
(4) 4096	**(5)** 7569	**(6)** 784
(7) 1089	**(8)** 5625	**(9)** 7921

・怎麼樣才能愈算愈快呢？

希望你已經充分了解剛才說的「速算法」，可以立即寫出步驟並算出正確答案。接下來再教你能更快計算的方法，只需在腦袋裡計算。

準備好了嗎？
現在開始學吧！

範例：

$$34^2 = 1156$$

運算步驟：

1. 將34^2代入公式$(a／b)^2 = a^2／2ab／b^2$。
2. 將3代入a、將4代入b，將兩數字代入公式計算。
3. 先找出b^2，把得到的個位數寫在答案的最右邊第一位，十位數則留著進位。
4. 接下來計算2ab，然後把留著進位的數字加進去，再把得到的數字的個位數寫在右邊的第二位數，剩下的數字留著進位。
5. 接著計算a^2，再把剛剛留下進位的數字加進去，答案就出來了！

我花了很多文字和篇幅來解釋，不過實際運算起來既簡單又快速。

這樣你的計算速度又加快了。

例題：

1.

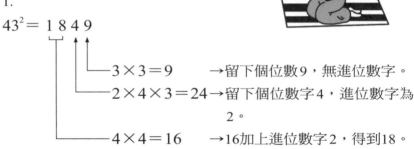

$43^2 = 1\ 8\ 4\ 9$

$3 \times 3 = 9$ →留下個位數9，無進位數字。

$2 \times 4 \times 3 = 24$ →留下個位數字4，進位數字為2。

$4 \times 4 = 16$ →16加上進位數字2，得到18。

2.

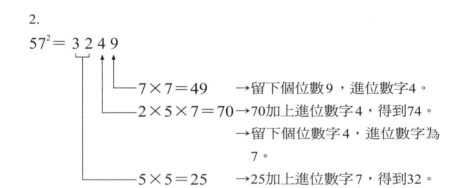

$57^2 = 3\ 2\ 4\ 9$

$7 \times 7 = 49$ →留下個位數9，進位數字4。

$2 \times 5 \times 7 = 70$ →70加上進位數字4，得到74。

→留下個位數字4，進位數字為7。

$5 \times 5 = 25$ →25加上進位數字7，得到32。

3.

$$38^2 = 1\ 4\ 4\ 4$$

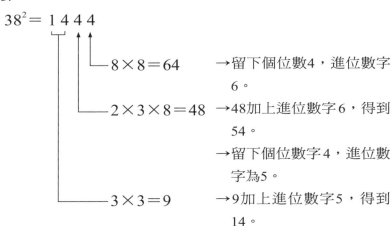

　　　　　　8×8＝64　　　→留下個位數4，進位數字
　　　　　　　　　　　　　　　6。

　　　　　　2×3×8＝48　→48加上進位數字6，得到
　　　　　　　　　　　　　　　54。

　　　　　　　　　　　　　　→留下個位數字4，進位數
　　　　　　　　　　　　　　　字為5。

　　　　　　3×3＝9　　　→9加上進位數字5，得到
　　　　　　　　　　　　　　　14。

4.

$$56^2 = 3\ 1\ 3\ 6$$

　　　　　　6×6＝36　　　→留下個位數6，進位數字
　　　　　　　　　　　　　　　3。

　　　　　　2×5×6＝60　→60加上進位數字3，得到
　　　　　　　　　　　　　　　63。

　　　　　　　　　　　　　　→留下個位數字3，進位數
　　　　　　　　　　　　　　　字為6。

　　　　　　5×5＝25　　　→25加上進位數字6，得到
　　　　　　　　　　　　　　　31。

現在相信你
已經學會了！

秒算法

(1) 19^2 **(2)** 24^2

(3) 28^2 **(4)** 37^2

(5) 62^2 **(6)** 67^2

(7) 71^2 **(8)** 76^2

(9) 79^2 **(10)** 82^2

🔢 解答：

(1) 361	**(2)** 576	**(3)** 784
(4) 1369	**(5)** 3844	**(6)** 4489
(7) 5041	**(8)** 5776	**(9)** 6241
(10) 6724		

乘法

　　加法和減法的運算速度通常可以很快，考生對於這兩種計算方法並沒有太大的困難。甚至一眨眼就可以算出來。不過如果講到乘法，大家就望之卻步。在此，我要提供一些乘法的技巧給大家，這些方法都非常簡易好用。

　　大家都知道英國在兩百年前曾運用一個策略打敗印度人。這個策略就叫做「分割計算法」，也可以說是第一公式的延伸運用（關於第一公式請參見下頁）。

分割計算法

　　你可能在猜，為什麼我要提出這個策略，這跟乘法又有什麼關係？就像英國人一樣，你也可以使用這個策略，只是我們要用在加快計算速度上。這個原則可以用在各式各樣的運算中。換句話說，只要遇到困難，就先把它分化，然後再逐一解決。怎麼說呢？

　　舉例來說：

$$17 \times 16 = ?$$

　　要直接寫答案可能有點困難。不過，如果你採用分割計算法就可以在心裡運算。上面的乘式可以分割成下列算式：

$$17 \times 16 = 17 \times (10 + 6)$$
$$= 170 + 102$$
$$= 272$$

這麼一來就會變得很容易計算，答案是272。你也可以這樣分割：

$$17 \times 16 = （20-3）\times 16$$
$$= 320-48$$
$$= 272$$

分割數字的時候，請把握一個原則，分割成兩部分，其中一部分變成十的倍數，另一個部分則為較小的數字，加法或減法都可以。選擇最接近的十的倍數，這樣可以大大減輕計算時的負擔。

以下我們所提供的這些技巧，能夠讓你在最短時間內，算出任何兩個數字相乘的結果。這三項技巧分別是：**第一公式、快速公式**以及**交叉計算法**。我們先來簡單地了解一下第一公式。其他兩樣公式請參考《印度吠陀數學秒算法》。

第一公式

我把它命名為第一公式的理由是，我認為任何想要學習**秒算法**的人都應該從這個公式開始。接下來就舉幾個例子來說明這個公式。

範例：

$$35 \times 35$$

用傳統的方式，你會怎麼計算？

我們來算看看：

$$
\begin{array}{r}
35 \\
\times\,35 \\
\hline
175 \\
105 \\
\hline
1225
\end{array}
$$

你用了哪些運算步驟？

1. 首先用35乘以5，然後把得到的結果175寫在橫線下面。

2. 接著再用35乘以3，寫在第一行下面，並在最右邊空一位數。

3. 再把第一行和第二行的數字從最右邊開始加到最左邊。

4. 最後得到答案1225。

有點複雜，對吧？

我們用秒算法的第一公式算看看：

$$
\begin{array}{r}
35 \\
\times\,35 \\
\hline
1225
\end{array}
$$

1. 首先將個位數的5乘以5，把得到的25寫在答案列最右邊。

2. 然後把左上方的數字3加1，得到4。

3. 接著用4乘以左下方的3得到12，再把12寫到答案列的左邊。

4. 答案就是1225。

你懂了嗎？再舉一個例子。

例題：

$$\begin{array}{r} 75 \\ \times\, 75 \\ \hline 5625 \end{array}$$

我再說明一次運算步驟：

1. 首先將個位數的5乘以5，把得到的25寫在答案列的右邊。

2. 然後把左上方的數字7加1，得到8。

3. 接著用8乘以左下方的7得到56，再把56寫到答案列的左邊。

4. 答案就是5625。

現在，你對於第一公式應該很清楚了。

同樣的道理，我們也可以算出下列數字的相乘：

15×15、25×25、35×35、45×45、55×55等。

我知道你一定有問題要問。這個公式只能用在尾數是5的數字嗎？

答案是否定的。

我們來擴大這個公式的運用範圍。

它可以用在許多兩位數相乘或三位數相乘的計算上。

不過稍後我會說明其所需要的條件。

範例：

$$\begin{array}{r} 66 \\ \times 64 \\ \hline 4224 \end{array}$$

在這個例子中，兩個數字的十位數都是6，而兩個數字的個位數加起來是10。只要符合這兩個條件，我們就可以運用第一公式計算。

那麼，下面例題可以用第一公式計算嗎？

例題：

(1)
$$\begin{array}{r} 67 \\ \times 63 \\ \hline 4221 \end{array}$$

(2)
$$\begin{array}{r} 68 \\ \times 62 \\ \hline 4216 \end{array}$$

(3)
$$\begin{array}{r} 69 \\ \times 61 \\ \hline 4209 \end{array}$$

當然可以。因為它們左邊的十位數字相同，而且右邊的個位數字總和都是10。

你一定注意到了，上面的例題（3）中，9乘以1得到的是9。為什麼我們要寫上「09」呢？如果你有注意到的話，

會發現這是因為在其他範例中，答案列的右邊都是兩位數。因此，為了補足兩位數，才會在9的前面多加一個0，這樣答案的位數才不會改變。

現在來練習一下，看你能不能用秒算法的第一公式解開下列題目。

例題：

$$
\begin{array}{llll}
(1) \quad 46 & (2) \quad 47 & (3) \quad 48 & (4) \quad 49 \\
\quad\ \times 44 & \quad\ \times 43 & \quad\ \times 42 & \quad\ \times 41
\end{array}
$$

正確答案分別是2024、2021、2016和2009。

這只是第一公式運用上的一小部分而已。它還可以用在三位數相乘。

(1)　　25
　　×25
_____

(2)　　27
　　×23
_____

(3)　　39
　　×31
_____

(4)　　16
　　×14
_____

(5)　　53
　　×57
_____

(6)　　76
　　×74
_____

(7)　　71
　　×79
_____

(8)　　85
　　×85
_____

(9)　　92
　　×98
_____

解答：

(1) 625　　**(2)** 621　　**(3)** 1209　　**(4)** 224

(5) 3021　　**(6)** 5624　　**(7)** 5609　　**(8)** 7225

(9) 9016

加法

有時候簡單的加法也會浪費許多時間，因為數目太大、太複雜。我在這裡提出一個不同的計算方式，它可以幫助你迅速地算出龐大數字的加法。

三位數的加法

比方說，你要計算下面這一題：

$$345 + 378 = ?$$

我們先把它分割成兩個部分。345可以變成34和5。同樣地，378也可以變成37和8。我用斜線（／）當作分割後的區隔。

運算步驟：

1. 首先，將斜線左邊的數字加總起來，也就是34加37得到71，然後將答案71的右邊加入斜線。如下式：

$$34／5 + 37／8 = 71／$$

2. 然後將斜線右邊的數字加總起來，也就是5＋8得到13，將13寫在答案71的斜線右邊。如下式：

$$34／5 + 37／8 = 71／13$$

3. 斜線右邊現在有二位數，但實際上應該只有一位數，
   因為數字分割時，斜線右邊皆留下一個位數，所以右
   邊也只能保留個位數。因此要把斜線右邊的13的十位
   數進位到斜線左邊，與左邊數字相加，也就是把13的
   1進位到左邊與71相加，就會得到，

$$72 ╱ 3$$

4. 最後得到答案723。

四位數的加法

你可以用相同的方法來計算四位數相加：
例如，你要算這個題目：

$$2345＋346＝？$$

首先把它分解如下：

$$23 ╱ 45＋3 ╱ 46 \quad 或者 \quad 234 ╱ 5＋34 ╱ 6$$

接下來的步驟跟剛剛一樣。

$$
\begin{aligned}
2345＋346 &＝23 ╱ 45＋3 ╱ 46 \\
&＝26 ╱ 91 \\
&＝2691
\end{aligned}
$$

在此，數字分割時，斜線右邊皆留下兩位數，因此得到
的91可以不必進位。

或是用以下的分割計算法運算。

$$2345 + 346 = 234 / 5 + 34 / 6$$
$$= 268 / 11$$
$$= 2691$$

位數變多的時候，你可自由選擇如何分解。

如前頁的例子所示，無論你決定要在十位數之前或是個位數之前分解數字，都只要以你認為容易計算的方式處理。但有個前提是，你的原則必須要一致。

※注意：

數字分割後，右邊有幾位數，答案右邊的位數就必須有幾位數。如果你算出來的答案超過位數就要加以調整。

(1) $258 + 511$　　　　**(2)** $302 + 889$

(3) $517 + 632$　　　　**(4)** $766 + 197$

(5) $4647 + 312$　　　**(6)** $1897 + 855$

(7) $6287 + 777$　　　**(8)** $5894 + 3112$

(9) $9108 + 5087$　　**(10)** $10255 + 23114$

解答：

(1) 769　　**(2)** 1191　　**(3)** 1149　　**(4)** 963

(5) 4959　　**(6)** 2752　　**(7)** 7064　　**(8)** 9006

(9) 14195　**(10)** 33369

減法

剛才所運用的方法，也可以用在減法。只不過計算過程有一點不一樣。你有沒有想過，為什麼尾數是0的數字，不論是相加或相減都很容易計算？為什麼呢？

這是因為需要計算的位數較少。而這就是我們在進行減法速算時要利用的訣竅。

分割計算法(1)

分割計算法還有另一種計算方式。

範例：

$$3245-308＝?$$

這一題可以分割成：

$$32／45-3／08＝$$

接下來，我們將分割完的數字計算一下：

$$32／45-3／08＝32-3／45-8$$
$$＝29／37$$
$$＝2937$$

最後得到答案2937。

你可以自行分割數字，但是分割出來的形式有很多種。雖然想要改變傳統算法很難，不過你可以慎選有用的技巧。

分割計算法(2)

範例：

$$2345 - 348 = ?$$

如果你用傳統的算法，會花很多時間。不過你可以試著用分割計算法來計算。

這一題我們用另一種方法分割成以下算式：

$$2345 - 348 = 2345 - (345 + 3)$$
$$= 2345 - 345 - 3$$
$$= 1997$$

經過分割後，複雜的運算會變得比較簡單，甚至用心算就能算出答案。

例題：

$$1943 - 947 = ?$$
$$1943 - 947 = 1943 - (943 + 4)$$
$$= 1943 - 943 - 4$$
$$= 996$$

秒算法

(1) $582-151$ **(2)** $741-638$

(3) $2382-389$ **(4)** $4029-925$

(5) $1647-1122$ **(6)** $8879-2553$

(7) $10527-9906$ **(8)** $85496-3285$

(9) $58646-21822$ **(10)** $30117-21314$

10 解答：

(1) 431 **(2)** 103 **(3)** 1993 **(4)** 3104

(5) 525 **(6)** 6326 **(7)** 621 **(8)** 82211

(9) 36824 **(10)** 8803

除法

我把除法分為兩部分來說明，這樣可以解釋得更詳盡一點。此兩種方法分別為「概算法」以及「分數法」。概算法用於「除數比被除數小」，分數法則用於「除數比被除數大」。

概算法

範例：

$$3786 \div 129$$

當除數比被除數小時，你可以算出近似的答案就好。將除數和被除數的尾數簡化。以上述範例來看，可以將被除數3786簡化成3790，除數129則簡化成130。

$$3790 \div 130$$

然後你可以將0捨去，減少計算位數。

$$379 \div 13 = 29.1$$

因此就能得到解答29.1（計算到小數點下一位）。

另外，如果沒有簡化以及減少位數計算的話，算到小數

點後一位數應該是29.3。

$$3786 \div 129 = 29.3$$

兩個答案的差別不大,所以用這個原則是可行的。

分數法(The Fractional method)

我把這一套計算公式也稱為「魔法公式」。我會這麼稱呼是因為它十分神奇。而且這套算法非常地快速。我相信當你學會後也會大為讚歎。這是很好運用的公式,不只能夠加快計算的速度,而且運算公式也非常簡單。

・尾數為9的除數

範例:

計算73除以139到小數點第五位數。

我們先用傳統的方法算算看:

```
              0.52517
139 )       730
            695
            350
            278
            720
            695
            250
            139
            1110
            973
            137
```

這種算法很花時間吧!

答案為 0.52517。

你一定很熟悉這種傳統運算方式，所以我就不再多加贅述。

接下來，我們用魔法公式計算看看：

$$\frac{73}{139} \rightarrow \frac{73}{140} = \frac{73}{14} \times \frac{1}{10}$$

$$= 0\,.\,5\,2\,5\,1\,7 \quad -答案$$
$$3\,\,7\,\,2\,\,11 \quad -餘數$$

檢查一下，兩種算法的答案是不是一樣。用傳統除法算到小數點第五位數的答案是0.52517，用魔法公式算出來的答案也是0.52517。兩種算法的答案完全一樣，但是運算過程卻大不相同。現在我來解釋一下魔法公式的步驟。

🫖 運算步驟：

1. 73除以139（尾數為9的除數）也可以寫成分數 $\frac{73}{139}$，然後也可以簡化寫成 $\frac{73}{140}$。

2. 然後為了方便計算，我們可以將 $\frac{73}{140}$ 乘以 $\frac{1}{10}$，變成了 $\frac{73}{14}$，也就是73除以14。

3. 計算前先在答案處寫上0及小數點，這是因為剛剛乘以 $\frac{1}{10}$，也就是0.1的關係。

4. 73除以14得到商數為5、餘數是3，所以把5寫在小數點後面，3寫在5的左下前方。也就是把餘數寫在商數的左下前方。

5. 接下來結合餘數3跟商數5為下一個被除數35，所以用35除以14，得到商數為2、餘數是7，因此把商數2寫在答案處，也就是上一個步驟得到的商數5之後，然後在2左下前方寫上7。

6. 接下來的被除數是72，用72除以14，得到商數為5、餘數是2，因此把5寫在答案處，也就是上一個步驟得到的商數2之後，然後在5的左下前方寫上餘數2。

7. 接下來的被除數是25，用25除以14，得到商數為1、餘數是11，因此把1寫在答案處，也就是上一個步驟得到的商數5之後，然後在1的左下前方寫上11。

8. 現在已經算到小數點後面第四位數了，接下來的被除數是111，除以14後，得到的商數為7，這樣就算出第五位數了。

9. 如果要計算更多位數，只需重複以上步驟即可。

現在你已經學會尾數為9的除數的解題方法囉！

接下來請試著計算下列例題，這能幫助我們更清楚運算的概念。

例題：

1.

$$\frac{75}{139} \to \frac{75}{140} = \frac{75}{14} \times \frac{1}{10}$$

$$= 0.53956 \quad -答案$$
$$5\ 13\ 7\ 9 \quad\quad -餘數$$

2.
$$\frac{63}{149} \rightarrow \frac{63}{150} = \frac{63}{15} \times \frac{1}{10}$$

$$= 0\ .\ 4\ \ 2\ \ 2\ \ 8\ \ 1 \quad -答案$$
$$\overline{\ 3\ \ 4\ \ 12\ \ 2\ } \quad\quad -餘數$$

3.
$$\frac{83}{189} \rightarrow \frac{83}{190} = \frac{83}{19} \times \frac{1}{10}$$

$$= 0\ .\ 4\ \ 3\ \ 9\ \ 1\ \ 5 \quad -答案$$
$$\overline{\ 7\ \ 17\ \ 2\ \ 10\ } \quad\quad -餘數$$

・尾數為8的除數

現在你一定想問，這種公式是不是只能用在尾數為9的除數上。

當然不是。當除數的尾數為8、7、6時，也都可以運用，只是過程會有一些變化。

那麼，我們先來看看尾數為8的除數的例子。

範例：

$$\frac{73}{138} \rightarrow \frac{73}{140} = \frac{73}{14} \times \frac{1}{10}$$

$$+5\ \ +2\ \ +8\ \ +9 \quad -商數 \times（9-8）$$
$$= 0\ .\ \ 5\ \ \ 2\ \ \ 8\ \ \ 9\ \ \ 8 \quad -答案$$
$$\overline{\ 3\ \ \ 12\ \ \ 12\ \ \ 10\ } \quad\quad -餘數$$

運算步驟：

1. 計算方法大致上與尾數為9的除數相同。

2. 73除以14得到的商數為5、餘數是3，將商數5寫到答案處，餘數3寫在商數5的左下前方。

3. 不過不同的地方來了。你要將每個步驟得到的商數乘以一倍（因為尾數為8的除數比尾數為9的除數少1），然後再與下個步驟的被除數相加後，再做除法。

4. 因此，要將第一步驟得到的商數乘以一倍，也就是下一個被除數要再加上5，35加上5等於40，40才是真正的被除數。

5. 接下來40除以14得到的商數為2、餘數是12，被除數為122再加上2，等於124，所以下個步驟的被除數為124。

6. 再用124除以14。只要重複這樣的步驟，直到算出你想要的小數點位數即可。

7. 因此，算到小數點第五位數的答案為0.52898。

　　再試算下面的例題你將會更明白（請算到小數點第五位數）。

例題：

1.

$$\frac{75}{168} \rightarrow \frac{75}{170} = \frac{75}{17} \times \frac{1}{10}$$

$$\begin{array}{cccccc} & +4 & +4 & +6 & +4 & \quad-商數\times1 \\ =0. & 4 & 4 & 6 & 4 & 2 \quad-答案 \\ & \overline{7} & \overline{10} & \overline{6} & \overline{4} & \quad-餘數 \end{array}$$

2.

$$\frac{83}{178} \to \frac{83}{180} = \frac{83}{18} \times \frac{1}{10}$$

$$\ +4\ +6\ +6\ +2\qquad-商數\times1$$

$$=0\ .\quad 4\quad 6\quad 6\quad 2\quad 9\quad-答案$$

$$\ \cancel{11}\ \ \cancel{10}\ \ \cancel{4}\ \ \cancel{16}\qquad\qquad-餘數$$

3.

$$\frac{31}{188} \to \frac{31}{190} = \frac{31}{19} \times \frac{1}{10}$$

$$\ +1\ +6\ +4\ +8\qquad-商數\times1$$

$$=0\ .\quad 1\quad 6\quad 4\quad 8\quad 9\quad-答案$$

$$\ \cancel{12}\ \ \cancel{8}\ \ \cancel{16}\ \ \cancel{16}\qquad\qquad-餘數$$

‧尾數為7的除數

　　學過尾數為8的除數的計算後，接下來看看尾數為7的除數該如何計算。

範例：

$$\frac{73}{137} \to \frac{73}{140} = \frac{73}{14} \times \frac{1}{10}$$

$$\ +10\ +6\ +4\ +16\qquad-商數\times（9-7）$$

$$=0\ .\quad 5\quad 3\quad 2\quad 8\quad 4\quad-答案$$

$$\ \cancel{3}\ \ \cancel{3}\ \ \cancel{11}\ \ \cancel{4}\qquad\qquad-餘數$$

看過這個運算後，你應該能立刻了解商數必須乘以2（因為尾數為7的除數比尾數為9的除數少2），然後將商數乘以2與下一步驟的被除數相加。接下來的算法都相同。

例題：

1.

$$\frac{72}{117} \to \frac{72}{120} = \frac{72}{12} \times \frac{1}{10}$$

$$+12+2+10+6 \qquad -商數\times2$$

$$=0 \,.\, 6 \quad 1 \quad 5 \quad 3 \quad 8 \qquad -答案$$

$$\overline{0 \quad 6 \quad 3 \quad 9} \qquad -餘數$$

2.

$$\frac{36}{157} \to \frac{36}{160} = \frac{36}{16} \times \frac{1}{10}$$

$$+4+4+18+4 \qquad -商數\times2$$

$$=0 \,.\, 2 \quad 2 \quad 9 \quad 2 \quad 9 \qquad -答案$$

$$\overline{4 \quad 14 \quad 2 \quad 15} \qquad -餘數$$

・尾數為6的除數

你應該猜到尾數為6的除數該怎麼計算了吧？

範例：

$$\frac{73}{136} \to \frac{73}{140} = \frac{73}{14} \times \frac{1}{10}$$

$$+15+9+18+21 \qquad -商數\times（9-6）$$

$$=0 \,.\, 5 \quad 3 \quad 6 \quad 7 \quad 6 \qquad -答案$$

$$\overline{3 \quad 8 \quad 8 \quad 6} \qquad -餘數$$

例題：

1.

$$\frac{41}{166} \rightarrow \frac{41}{170} = \frac{41}{17} \times \frac{1}{10}$$

$$\quad +6+12+18+27 \qquad \text{－商數×3}$$

$$=0.\quad 2\quad 4\quad 6\quad 9\quad 8 \qquad \text{－答案}$$

$$\quad \overline{7\quad 10\quad 14\quad 11} \qquad \text{－餘數}$$

2.

$$\frac{82}{146} \rightarrow \frac{82}{150} = \frac{82}{15} \times \frac{1}{10}$$

$$\quad +15+18\ +3+18 \qquad \text{－商數×3}$$

$$=0.\quad 5\quad 6\quad 1\quad 6\quad 4 \qquad \text{－答案}$$

$$\quad \overline{7\quad 0\quad 9\quad 4} \qquad \text{－餘數}$$

在此，商數要乘以三倍，因為尾數為9的除數比尾數為6的除數多3。

三倍是重點喔！

• **尾數為1的除數**

目前我們已經學會尾數為9、8、7、6的除數的算法了。而這都是依據印度數學裡的「Ekadhikena Purvena」以及「Anurupya Sutra」兩項法則而來。

「Ekdhikena Purvena」可以和「Eknyuna」一起使用，而且非常好用。我們先來看看「Eknyuna」的用法。

以下就是Eknyuna法則。

之前我們在尾數為9、8、7、6的除數時，所用的是Ekadhikena Purrena法則，也就是被除數是由「餘數在前商數在後」所形成的。

而當尾數為1的除數時，被除數則換成「餘數在前，（9減掉商數）在後」。因此下面的例子，如果按照Ekadhikena Purrena法則，應該是75，不過現在要使用Eknyuna法則，所以被除數會變成7與9減掉5，也就是74。

範例：

$$73 \div 131$$

$$\frac{(73-1)}{(131-1)} = \frac{72}{130} = \frac{72}{13} \times \frac{1}{10}$$

$$\frac{72}{13} \times \frac{1}{10} = 0 . \begin{array}{cccc} 4 & 4 & 2 & 7 \\ 5 & 5 & 7 & 2 & 5 \\ \overline{7} & \overline{9} & \overline{3} & \overline{6} \end{array}$$

—（9—商數）
—答案
—餘數

🫖 **運算步驟：**

1. 先將73除以131轉換成分數的樣子，然後將分子、分母各減去1，簡化成 $\frac{72}{130}$。

2. 再將 $\frac{72}{130}$ 乘以 $\frac{1}{10}$，簡化成 $\frac{72}{13}$ 來運算。

3. 把72除以13得到商數5、餘數7，將5寫到答案列上，餘數7寫在5的左下前方。

4. 然後，將（9減掉商數）寫在商數5的左上前方，也就是（9減掉商數5）得到4，將4寫到5的左上前方。

5. 而下一個被除數為餘數與（9減掉商數）的組合，即74。

6. 之後的運算手法皆相同，直至算出答案。

例題：

1.

$$\frac{(63-1)}{(121-1)} = \frac{62}{120} = \frac{62}{12} \times \frac{1}{10}$$

$$\begin{array}{ccccc} & 4 & 7 & 9 & 3 \end{array} \qquad -（9-商數）$$

$$= 0 . \quad 5 \quad 2 \quad 0 \quad 6 \quad 6 \qquad -答案$$

$$\begin{array}{ccccc} & 2 & 0 & 7 & 7 \end{array} \qquad -餘數$$

2.

$$\frac{(59-1)}{(171-1)} = \frac{58}{170} = \frac{58}{17} \times \frac{1}{10}$$

$$\begin{array}{cccc} 6 & 5 & 4 & 9 \end{array} \qquad -（9-商數）$$

$$= 0 . \quad 3 \quad 4 \quad 5 \quad 0 \quad 2 \qquad -答案$$

$$\begin{array}{cccc} 7 & 8 & 0 & 4 \end{array} \qquad -餘數$$

・除數（分子）的小數點後超過一位數

看過上面這麼多例子，我們目前學到的範例中，分子的小數點後面頂多只有一位數。也就是說，分數只需乘以 $\frac{1}{10}$ 就可以簡化除法了。如果分子的小數點後超過一位數能不能用同樣的計算方法呢？

答案是可以的，同樣的運算技巧也能適用。先算出兩位數的商數後，再把餘數調過來放在前面。也就是說，如果分子的小數點後有二位數，就乘以 $\frac{1}{100}$，然後商數必須算出二位數後，再把餘數寫在二位商數的左下前方。

範例：

$$738 \div 1399$$

$$\frac{738}{1399} = \frac{738}{1400} = \frac{738}{14} \times \frac{1}{100} = 0 . \quad 5 \quad 2 \quad 7 \quad 5 \quad \text{－答案}$$
$$\overline{10 \qquad 2} \qquad \text{－餘數}$$

運算步驟：

1. 先將 738 除以 1399 轉換成分數的樣子。

2. 再將 $\frac{738}{1399}$ 轉化成 $\frac{738}{1400}$，由於分子有二位數為 0，因此再將 $\frac{738}{1400}$ 乘以 $\frac{1}{100}$，簡化成 $\frac{738}{14}$ 來運算。

3. 把 738 除以 14 計算到商數第二位後，再將商數寫到答案列上，也就是寫上 52，而餘數為 10。

4. 而下一個被除數為餘數與商數的組合，即 1052。（此處的計算無須用 9 減掉商數）

5. 之後的運算手法皆相同，直至算出答案。

請試著計算看看！

在上述例子中，我們在完成兩位數的運算後，把得到的餘數放到商數的前面。

現在你一定想問，如果分子的小數點後面有三位數，那該怎麼辦？其實所有的道理都和前面講的都相同，只有商數和餘數的位數有點改變。

請利用分數法計算尾數為9的除數的習題。

習題：

(1) $68 \div 129$ **(2)** $52 \div 189$

(3) $51 \div 119$ **(4)** $71 \div 269$

(5) $64 \div 139$ **(6)** $21 \div 169$

(7) $39 \div 179$ **(8)** $44 \div 169$

(9) $87 \div 159$

解答：

(1) 0.52713 **(2)** 0.27513 **(3)** 0.42857
(4) 0.26394 **(5)** 0.46043 **(6)** 0.12426
(7) 0.21787 **(8)** 0.26035 **(9)** 0.54716

請利用分數法計算尾數為 8、7、6 的除數的習題。

(1) $68 \div 138$ **(2)** $51 \div 158$

(3) $49 \div 118$ **(4)** $81 \div 168$

(5) $67 \div 128$ **(6)** $89 \div 167$

(7) $21 \div 147$ **(8)** $33 \div 116$

(9) $52 \div 126$

解答：

(1) 0.49275   **(2)** 0.32278   **(3)** 0.41525

(4) 0.48214   **(5)** 0.52343   **(6)** 0.53293

(7) 0.14285   **(8)** 0.28448   **(9)** 0.41269

請利用分數法計算尾數為1的除數的習題。

習題：

(1) $61 \div 131$　　　　　**(2)** $87 \div 151$

(3) $79 \div 181$　　　　　**(4)** $99 \div 191$

(5) $16 \div 111$　　　　　**(6)** $44 \div 161$

(7) $21 \div 141$　　　　　**(8)** $75 \div 171$

(9) $57 \div 121$

解答：

(1) 0.46564	**(2)** 0.57615	**(3)** 0.43646
(4) 0.51832	**(5)** 0.14414	**(6)** 0.27329
(7) 0.14893	**(8)** 0.43859	**(9)** 0.47107

平方根

平方根的運算需要耐心，有時候再怎麼仔細還是難免會出錯，而且計算起來相當花時間。那麼，這個頭痛的問題要怎麼解決呢？

在此我要教大家一些技巧，而且學起來一點都不難。

要找出平方根，必須先了解它的特性。什麼叫做特性？就是當你看到一個數字時，立刻就能判斷它的平方根有幾位數。那麼要如何判斷呢？

位數法則

非常簡單。如果你知道題目有幾位數，你就能輕鬆地找出平方根有幾位數。所以我才說這非常簡單。它可以是任何位數，一位數、二位數、三位數、四位數，甚至X位數。也就是說，它的位數可以是偶數也可以是奇數。

位數法則：

> 假設題目的數字有n位數，那麼，如果n是偶數，它的平方根位數就是 $\dfrac{n}{2}$。
>
> 假設題目的數字有n位數，那麼，如果n是奇數，它的平方根位數就是 $\dfrac{n+1}{2}$。

範例：

　8464的平方根為幾位數？

🫖 **運算步驟：**

1. 8464為四位數，所以n等於4。
2. 套用位數法則，4為偶數，那麼它的平方根就是 $\frac{n}{2}$，也就是 $\frac{4}{2}$。
3. 因此我們可以知道此數的平方根為2位數。

　事實上，8464的平方根是92。

尾數法則

　只要透過位數法則就能知道平方根有幾位數。除此之外，在動手計算前，還要注意幾件事。有一個表你一定要知道，這個表能夠告訴你，當你看到某個數字時，就能知道平方根答案的尾數要填上什麼數字。

		平方數	尾數
1^2	=	1	1
2^2	=	4	4
3^2	=	9	9
4^2	=	16	6
5^2	=	25	5
6^2	=	36	6
7^2	=	49	9
8^2	=	64	4
9^2	=	81	1
10^2	=	100	00

　　上面這幾個例子告訴我們，完全平方數的尾數（也就是最後一位數）一定是1、4、5、6、9和00。

　　或者也可以說，完全平方數的尾數一定不是2、3、7和8。再換另一種說法，你也可以說：

> 如果平方數的尾數是1，則平方根的尾數就會是1或9。
> 如果平方數的尾數是4，則平方根的尾數就會是2或8。
> 如果平方數的尾數是5，則平方根的尾數就會是5。
> 如果平方數的尾數是6，則平方根的尾數就會是4或6。
> 如果平方數的尾數是9，則平方根的尾數就會是3或7。

秒算法

前頁規則可歸納出下表：

平方數的尾數		平方根的尾數
1	→	1 或 9
4	→	2 或 8
5	→	5
6	→	4 或 6
9	→	3 或 7

這是相當重要的歸納。

現在，假設有一個題目要算出平方根（我們只談完全平方數），你看到尾數是9，就可以確定平方根的尾數一定是3或7。

這裡就可以用到心算，人腦相當於一部大電腦，可以儲存大量資訊，讓我們在日常生活中隨時取用。因此我們要好好利用一下，用來計算平方根。遇到尾數是0的數字時，例如，10、20、30等，你很快就能算出它的平方是多少。

同樣的，尾數是5的數字，你也能很快地算出它的平方（如果忘了怎麼算，請翻到前面的「第一公式」）。

範例一：

求529的平方根

運算步驟：

1. 529為三位數，我們用位數法則即可知道，529的平方根為二位數。

2. 然後透過尾數法則知道，529的尾數為9，其平方根的尾數一定為3或7。

3. 接著找尋與529相近的平方數，為400（為20^2）、625（為25^2）。

4. 529比400（為20^2）還大，比625（為25^2）小。這表示平方根答案一定介於20至25之間。

5. 看到529的尾數是9，我們就知道平方根的尾數不是3就是7，而答案又落在20到25之間，所以答案就是23。

> 如何？很簡單吧！

範例二：

求5041的平方根

🫖 **運算步驟：**

1. 5041為四位數，我們用位數法則即可知道，5041的平方根為2位數。

2. 然後透過尾數法則知道，5041的尾數為1，其平方根的尾數一定為1或9。

3. 接著找尋與5041相近的平方數，為4900（為70^2）、5625（為75^2）。

4. 5041比4900（為70^2）還大，比5625（為75^2）小。這表示平方根答案一定介於70至75之間。

5. 看到5041的尾數是1，我們就知道平方根的結尾不是1就是9，而答案又落在70到75之間，所以答案就是71。

秒算法

希望你已經完全了解這個概念，而且可以用它來計算出結果。

　　有些學生經常問我，如果不是完全平方的平方數該怎麼辦？這也有技巧可以解決嗎？

　　我的答案是「有」。的確有較快的秒算法技巧可以找出任何數字的平方根，即使有小數點也沒關係。但在這裡我們就不深入談了。

(1) 441

(2) 1089

(3) 7569

(4) 784

(5) 9801

(6) 2304

(7) 12544

(8) 4225

(9) 8836

解答：

(1) 21	**(2)** 33	**(3)** 87	**(4)** 28
(5) 99	**(6)** 48	**(7)** 112	**(8)** 65
(9) 94			

立方根

　　找出立方根是數字運算中最困難的技巧之一。目前所知唯一的方法就是「因數分解法」先找到某個數的因數，然後把同樣的因數集合起來，三個為一組，然後每一組再拿出一個數字來相乘，最後就會得到答案。

因數分解法

範例：

　　求1728的立方根

$$
\begin{array}{r|r}
2 & 1728 \\
2 & 864 \\
2 & 432 \\
2 & 216 \\
2 & 108 \\
2 & 54 \\
3 & 27 \\
3 & 9 \\
& 3
\end{array}
$$

這種算式還真麻煩。!!

　　然後我們會得到

$$1728＝2×2×2×2×2×2×3×3×3$$

　　然後再將同樣的因數集合起來，三個為一組，然後每一

組再拿出一個數字來相乘。

$$1728 = 2 \times 2 \times 2 \times 2 \times 2 \times 2 \times 3 \times 3 \times 3$$
$$= 2^3 \times 2^3 \times 3^3$$
$$= (2 \times 2 \times 3)^3$$
$$= 12^3$$

最後我們能夠得到1728的立方根答案為12。

魔法解題法

如果利用因數分解法找出因數會很麻煩，而且需要花很多時間。那麼，我有一個簡便快速的方法提供給大家，這個方法我稱為「魔法解題法」，只要學會正確的技巧，任何人都可以快速算出立方根喔！

首先，我們必須找出立方根的尾數法則。先將表格歸納如下：

		立方數	尾數
1^3	=	1	1
2^3	=	8	8
3^3	=	27	7
4^3	=	64	4
5^3	=	125	5
6^3	=	216	6
7^3	=	343	3
8^3	=	512	2
9^3	=	729	9

如各位所見，立方數的尾數都不相同。

反之，如果知道立方數的尾數，我們就能知道立方根的尾數。

立方數的尾數		立方根的尾數
1	→	1
2	→	8
3	→	7
4	→	4
5	→	5
6	→	6
7	→	3
8	→	2
9	→	9

由此可知，

如果立方數的尾數是2、立方根的尾數就會是8。
如果立方數的尾數是3、立方根的尾數就會是7。
如果立方數的尾數是7、立方根的尾數就會是3。
如果立方數的尾數是8、立方根的尾數就會是2。
此外的數字1、4、5、6、9等的數字，其立方數的尾數跟立方根的尾數皆相同。

我們可以以上述法則為前提，求出以下範例的立方根。

範例：

1. 9,261
2. 32,768

運算步驟：

1. 先從最右邊開始，每隔三位數就打一個逗點。

2. 打完逗點後，先檢查尾數是多少，再利用剛才的表格對照一下，這樣就可以找出尾數的答案。

3. 接下來，再看看逗點前的數字，看它比什麼數字的立方稍微小一點，那個數字就是答案的第一位數。

4. 這樣，答案的第一位數和尾數就出來了。

範例一：

求9261的立方根

$$9261$$
$$\rightarrow 9,261$$
$$\rightarrow \qquad 1$$
$$\rightarrow 2^3 < 9 < 3^3$$
$$\rightarrow \qquad 2 \quad 1$$

運算步驟：

1. 從最右邊的數字開始，每隔三位數打一個逗點，因此在9的後面加上逗點。

2. 接下來找出9261的尾數是1，所以依照立方根的尾數法則，我們可以確定立方根的尾數也是1。

3. 然後看逗點前的數字是9，所以我們可以從接近9的立方數找起。2^3等於8，3^3等於27，所以9介於8（2^3）和27（3^3）之間，而9又較接近8（2^3）。

秒算法

4. 因此答案的第一位數是2，再加上剛剛找到的尾數1，
   答案就是21。

範例二：

求32,768的立方根

$$32768$$
$$\rightarrow 32,768$$
$$\rightarrow \qquad 2$$
$$\rightarrow 3^3 < 32 < 4^3$$
$$\rightarrow \quad 3 \qquad 2$$

運算步驟：

1. 從最右邊的數字開始，每隔三位數打一個逗點，因此
   在32的後面加上逗點。

2. 接下來找出32768的尾數是8，所以依照立方根的尾數
   法則，我們可以確定立方根的尾數是2。

3. 然後看逗點前的數字是32，所以我們可以從接近32的
   立方數找起。3^3等於27，4^3等於64，因為32比27（3^3）
   大，比64（4^3）小，而32又較接近27（3^3），因此我
   們可以寫上3。

4. 因此答案的第一位數是3，再加上剛剛找到的尾數2，
   答案就是32。

(1) 2744　　　　　　**(2)** 74088

(3) 54872　　　　　　**(4)** 15625

(5) 4096　　　　　　　**(6)** 39304

(7) 6859　　　　　　　**(8)** 132651

(9) 389017

解答：

(1) 14	**(2)** 42	**(3)** 38
(4) 25	**(5)** 16	**(6)** 34
(7) 19	**(8)** 51	**(9)** 73

百分比

我們在做某些題目時，會遇到百分比的計算。例如，獲利和虧損、百分比、商業合夥、相對比例、單利和複利、時間和距離、時間和工作等。這完全端看出題者的心情，看他想要測驗考生什麼題目。計算有關百分比的題目並不容易，它的困難在於運算很複雜。而我希望可以幫助大家減少計算過程，增加計算速度。

分數活用法

首先，在開始做百分比的題目前，我先分析一下它的原理。

假設我要計算出x的y%，算式中會包含x乘以y，然後再除以100，最後得到我們要的答案。

$$x \times y \div 100$$

看起來好像很簡單，那麼到底難在哪裡呢？

其實困難之處就在於，假設你要找出56的62.5%是多少。如果你不知道**秒算法**的話，就必須先把56乘以62.5，然後再除以100。就像下面這樣，

$$56 \times 62.5 \div 100$$

如果你依照傳統算法來計算會非常花費時間。

而我運用秒算法，則公式卻簡易如下：

$$56 \times 62.5 \div 100 = 56 \times \frac{5}{8}$$
$$= 35$$

如何？如果知道62.5%為 $\frac{5}{8}$ ，解題還有什麼困難的呢？

因此，我把常見的百分比數字，以及它們的替代數字列表如下，你也可以是試著用看看。

非常方便計算喔！

百分比		替代分數	百分比		替代分數
5%	=	$\frac{1}{20}$	35%	=	$\frac{7}{20}$
10%	=	$\frac{1}{10}$	37.5%	=	$\frac{3}{8}$
11.111%	≒	$\frac{1}{9}$	40%	=	$\frac{2}{5}$
12.5%	=	$\frac{1}{8}$	50%	=	$\frac{1}{2}$
15%	=	$\frac{3}{20}$	62.5%	=	$\frac{5}{8}$
16.666%	≒	$\frac{1}{6}$	66.666%	≒	$\frac{2}{3}$
17.5%	=	$\frac{7}{40}$	75%	=	$\frac{3}{4}$
20%	=	$\frac{1}{5}$	83.333%	≒	$\frac{5}{6}$
25%	=	$\frac{1}{4}$	87.5%	=	$\frac{7}{8}$
33.333%	≒	$\frac{1}{3}$			

10%活用法

百分比的計算除了我上面說的分數活用法以外，還有10%活用法。

如果要你算出某個數的10%，應該很簡單吧！

我想這大概是最簡單的百分比計算了。

如果你能夠找出某個數字的10%，那就完成了一半。

這是為什麼呢？

先把百分比（%）變成10%的倍數。

我們來舉個例子

範例：

請算出3365的9%是多少。

首先，要先求出3365的10%。

$$3365 \times 10\% = 336.5$$

然後將9%改寫成：

$$9\% = 10\% - 1\%$$
$$= 10\% - \frac{10\%}{10}$$

然後將上式中10%的部份以336.5代入。

$$= 336.5 - 33.65$$
$$= 302.85$$

答案出來了，答案就是302.85。

既神奇又簡單吧！！

例題：

1.

　　請算出3365的16.5%是多少。

　　$3365 \times 10\% = 336.5$

　　$16.5\% = 10\% + 5\% + 1\% + 0.5\%$

　　　　　$= 10\% + \dfrac{10\%}{2} + \dfrac{10\%}{10} + \dfrac{10\%}{20}$

　　　　然後將上式中10%的部份以336.5代入。

　　　　$= 336.5 + 168.25 + 33.65 + 16.825$

　　　　$= 555.225$

2.

　　求6544的9%是多少。

　　$6544 \times 10\% = 654.4$

　　$9\% = 10\% - \dfrac{10\%}{10}$

　　然後將上式中10%的部份以654.4代入。

　　　　　$= 654.4 - 65.44$

　　　　　$= 588.96$

秒算法

095

(1) 4326的68.5%是多少。

(2) 492的12.5%是多少。

(3) 256的37.5%是多少。

(4) 8742的22%是多少。

(5) 383的7.6%是多少。

(6) 731的22.25%是多少。

解答：

(1) 2963.31

$$4326 \times 10\% = 432.6$$

$$68.5\% = 70\% - 1\% - 0.5\%$$

$$= 7 \times 10\% - \frac{10\%}{10} - \frac{10\%}{20}$$

$$= 3028.2 - 43.26 - 21.63$$

$$= 2963.31$$

(2) 61.5

$$12.5\% = \frac{1}{8}$$

$$492 \times \frac{1}{8} = 61.5$$

(3) 96

$$37.5\% = \frac{3}{8}$$

$$256 \times \frac{3}{8} = 96$$

(4) 1923.24

$8742 \times 10\% = 874.2$

$22\% = 2 \times 10\% + 2\%$

$\quad = 2 \times 10\% + \dfrac{10\%}{5}$

$\quad = 2 \times 874.2 + \dfrac{874.2}{5}$

$\quad = 1748.4 + 174.84$

$\quad = 1923.24$

(5) 29.108

$383 \times 10\% = 38.3$

$7.6\% = 10\% - 2.5\% + 0.1\%$

$\quad = 10\% - \dfrac{10\%}{4} + \dfrac{10\%}{100}$

$\quad = 38.3 - \dfrac{38.3}{4} + \dfrac{38.3}{100}$

$\quad = 38.3 - 9.575 + 0.383$

$\quad = 29.108$

(6) 162.6475

$731 \times 10\% = 73.1$

$22.25\% = 2 \times 10\% + 2\% + 0.25\%$

$\quad = 2 \times 10\% + \dfrac{10\%}{5} + \dfrac{10\%}{40}$

$\quad = 2 \times 73.1 + \dfrac{73.1}{5} + \dfrac{73.1}{40}$

$\quad = 146.2 + 14.62 + 1.8275$

$\quad = 162.6475$

驗算技巧

算出數學運算的答案後，要驗算答案是否正確的方法有很多種。印度吠陀數學有一種非常簡單的驗算方法，它可以輕鬆地運用在日常生活中。

印度文Navashesh的意思是指「九和它的餘數」。

這又是什麼意思呢？

如何求出Navashesh

任何數字只要把它的每個位數加起來後，最後都可以變成一位數，如果超過一位數，只要再將它相加即可。這個一位數就是Navashesh。這樣說應該很難懂吧！那麼，接下來就用例題來說明吧！

範例一：

・找出32的Navashesh

只要把十位數3和個位數2加在一起，得到5。

$$3＋2＝5$$

因此，32的Navashesh是5。

範例二：

　　‧找出342的Navashesh

　　　把每一個位數加起來，得到9。

　　　$3+4+2＝9$

　　　因此，342的 Navashesh是9。

範例三：

　　‧找出372的Navashesh

　　　把每一個位數加起來，得到12。

　　　$3+7+2＝12$

　　　這時加完每一位數卻還得到二位數，那該怎麼辦呢？

　　　再把兩個數字相加，

　　　$1+2＝3$

　　　因此，372的Navashesh是3。

如果數字是負數又該怎麼辦呢？

範例四：

　　‧找出－732的Navashesh

　　　把每一個位數加起來，得到－12。

　　　$-（7+3+2）＝-12$

　　　$-（1+2）＝-3$

　　　如果答案是負數，要再加上9。

　　　$-3+9＝6$

　　　因此，－732的Navashesh是6。

秒算法

(1) 574　　　　　　　　**(2)** 6473

(3) −341　　　　　　　 **(4)** −7188

(5) 97188　　　　　　　**(6)** 101088

(7) −479022　　　　　　**(8)** 6886262

(9) −2853871

解答：

(1) 7	**(2)** 2	**(3)** 1	**(4)** 3
(5) 6	**(6)** 9	**(7)** 3	**(8)** 2
(9) 2			

Navashesh驗算法

　　看過上面的範例後，你就可以輕鬆算出任何一個龐大數字的Navashesh。

　　Navashesh驗算法可以幫你快速驗算答案，包括減法和乘法的驗算。

　　這個公式的原理，簡單來說就是「Navashesh不變」。換言之，運算前後所得到的數字，它們的Navashesh都是相同的。如果計算前後的Navashesh不一樣，這就表示計算有誤。我用下面幾個範例來說明（以下用NV來代表Navashesh）。

・NV加法的驗算

範例：

$$67＋34＝101$$

先算出等號左邊數字67的NV。

$$
\begin{aligned}
NV（67）&＝NV（6＋7）\\
&＝NV（13）\\
&＝NV（1＋3）\\
&＝4 \quad\quad ←67的NV
\end{aligned}
$$

然後算出34的NV。

$$NV（34）＝NV（3＋4）$$
$$＝7 \quad ←34的NV$$

接下來將67的NV與34的NV相加，算出等號左邊數字的NV。

$$NV（67）＋NV（34）＝NV（4＋7）$$
$$＝NV（11）$$
$$＝2 \quad ←等號左邊數字的NV$$

最後求出等號右邊數字的NV。

$$NV（101）＝NV（1＋0＋1）$$
$$＝2 \quad ←等號右邊數字的NV$$

現在我們可以看看，等號左右兩邊數字的NV是否相同。

因此，67＋34＝101的答案是對的。

再來算算下列例題。

是的，兩邊的NV都是2。

例題：

1.

$$3673＋2341＝6014$$

等號左邊數字的NV　　　　　　　　等號右邊數字的NV

$NV（3673）＝1$　　　　　　　　$NV（6014）＝2$

$NV（2341）＝1$

$NV（3673）＋NV（2341）$
$$＝NV（1＋1）$$
$$＝2$$

等號左右兩邊數字的NV相同，表示答案是正確的。

2.

$3251＋6242＋845＝10338$

等號左邊數字的NV　　　　　　　　等號右邊數字的NV

NV（3251）＝2　　　　　　　　　NV（10338）＝6
NV（6242）＝5
NV（845）　＝8
NV（3251）＋NV（6242）＋NV（845）
　　　　　　＝NV（2＋5＋8）
　　　　　　＝6

　　　等號左右兩邊數字的NV相同，即答案是正確的。

3.

$854＋564＋3254＋12＋6524＝11208$

等號左邊數字的NV　　　　　　　　等號右邊數字的NV

NV（854）　＝8　　　　　　　　　NV（11208）＝3
NV（564）　＝6
NV（3254）＝5
NV（12）　　＝3
NV（6524）＝8
NV（854）＋NV（564）＋NV（3254）＋
NV（12）　＋NV（6524）
　　　　　＝NV（8＋6＋5＋3＋8）
　　　　　＝3

等號左右兩邊數字的NV相同，即答案是正確的。

秒算法

・NV減法的驗算

在上述範例、例題中，我們已經學會加法的驗算，也知道Navashesh（一位數總和）在運算前後的數目並不會改變。所以等號左邊（題目）的NV，與等號右邊（答案）的NV，應該相同。請記住這個原則：Navashesh不變。

範例：

$88-31＝57$

先算出等號左邊兩個數字的個別NV。

$$NV（88）＝7$$
$$NV（31）＝4$$

接下來將88的NV與31的NV相減，算出等號左邊數字的NV。

$$NV（88）－NV（31）＝NV（7-4）$$
$$＝3$$

最後求出等號右邊數字的NV。

$$NV（57）＝3 \quad ←等號右邊數字的NV$$

計算結果發現，等號左右兩邊數字的NV都是3。
因此， $88-31＝57$的答案是對的。

算法其實跟加法相同。

再來算算下列例題。

例題：

1.

$5283-2312=2971$

等號左邊數字的NV　　　　　　　　　　等號右邊數字的NV

NV（5283）　＝9　　　　　　　NV（2971）＝1
NV（2312）　＝8
NV（5283）－NV（2312）
　　　　　＝NV（9－8）
　　　　　＝1

　　等號左右兩邊數字的NV相同，即答案是正確的。

2.

$8547-4521-2159=1867$

等號左邊數字的NV　　　　　　　　　　等號右邊數字的NV

NV（8547）　＝6　　　　　　　NV（1867）＝4
NV（4521）　＝3
NV（2159）　＝8
NV（8547）－NV（4521）－NV（2159）
　　　　　＝NV（6－3－8）
　　　　　＝－5
　　－5＋9＝4

　　等號左右兩邊數字的NV相同，即答案是正確的。

秒算法

注意：

> 進行減法運算時，NV可能是負數，此時只要加上9就可以了。

3.

$7831 - 4211 - 1439 + 152 + 6524 = 8857$

等號左邊數字的NV

NV（7831） ＝1

NV（4211） ＝8

NV（1439） ＝8

NV（152） ＝8

NV（6524） ＝8

等號右邊數字的NV

NV（8857）＝1

NV（7831）－NV（4211）－NV（1439）＋NV（152）＋NV（6524）

＝NV（1－8－8＋8＋8）

＝1

等號左右兩邊數字的NV相同，即答案是正確的。

・NV乘法的驗算

在前面有關減法的說明中，我舉出各種不同情況的例子，來說明如何用NV減法的驗算來確認答案是否正確。這一章的開頭，我曾經提到Navashesh代表的意思是**九和它的餘數**。只要NV是正值，就不用管它。如果是負值，只要再加上9就可以了。同樣的規則也可以運用在乘法。

我們來看看下列題目。

範例：

$82 \times 51 = 4182$

先算出等號左邊兩個數字的個別的NV。

NV（82）＝1
NV（51）＝6

接下來將82的NV與51的NV相乘，算出等號左邊數字的NV。

$$NV（82）\times NV（51）= NV（1 \times 6）$$
$$= 6$$

最後求出等號右邊數字的NV。

NV（4182）＝6

計算結果發現，等號左右兩邊數字的NV都是6。
因此，$82 \times 51 = 4182$的答案是對的。

再來算算下列例題。

例題：

1.

$523 \times 612 = 320076$

等號左邊數字的NV

NV（523）＝1
NV（612）＝9
NV（523）×NV（612）
　　　　＝NV（1×9）
　　　　＝9

等號右邊數字的NV

NV（320076）＝9

等號左右兩邊數字的NV相同，即答案是正確的。

秒算法

107

2.

$831 \times 42 \times 143 \times 152 = 758629872$

等號左邊數字的NV　　　　　等號右邊數字的NV

NV（831）＝3　　　　　　　NV（758629872）＝9
NV（42）　＝6
NV（143）＝8
NV（152）＝8
NV（831）×NV（42）×NV（143）×NV（152）
　　　　　＝NV（3×6×8×8）
　　　　　＝NV（18）×NV（64）←再將數字簡化相乘
　　　　　＝NV（9×1）
　　　　　＝9

　　等號左右兩邊數字的NV相同，即答案是正確的。

3.

$59 \times (-36) = -2124$

等號左邊數字的NV　　　　　　　　等號右邊數字的NV

NV（59）　　＝5　　　　　　　　NV（−2124）＝−9
NV（−36）＝−9　　　　　　　　　　−9＋9＝0
　　　−9＋9＝0

NV（59）×NV（−36）
　　　　＝NV（5×0）
　　　　＝0

　　等號左右兩邊數字的NV相同，即答案是正確的。

4.

$$62 \times (-51) = -3162$$

等號左邊數字的NV　　　　　　等號右邊數字的NV

NV（62）　　=8　　　　　NV（-3162）=-3

NV（-51）=-6　　　　　　　　　-3+9=6

　　　-6+9=3

NV（62）　×NV（-51）

　　　　　　=NV（8×3）

　　　　　　=6

　　等號左右兩邊數字的NV相同，即答案是正確的。

　　現在你已經了解NV乘法的驗算。如果出現負數時，請按照例題三、四的作法，如此一來，NV都不會改變。

・如何加快速度？

　　要加快運算速度的關鍵在於NV的加總。必須把一個數字的所有位數加起來，迅速地找出NV。因此，如果可以很快地心算出答案，就能節省時間。除此之外，光是把數字的所有位數加在一起並不夠。還要做好題目的運算，也就是加法、減法和乘法，得到答案後，才能用NV來進行驗算。

秒算法

(1) $94 + 66 = 160$

(2) $244 + 787 = 1131$

(3) $871 - 593 = 278$

(4) $5768 - 10574 = -4806$

(5) $327 + 1279 - 411 = 1265$

(6) $7461 - 5299 + 2787 = 4949$

(7) $94 \times 66 = 6204$

(8) $240 \times 487 \times 95 = 11103600$

(9) $654 \times (-397) = -259638$

(10) $(-4361) \times (-64) = 279104$

 解答：

(1) 左邊：**7**　右邊：**7**　[正確]

(2) 左邊：**5**　右邊：**6**　[錯誤]

(3) 左邊：**8**　右邊：**8**　[正確]

(4) 左邊：**0**　右邊：**0**　[正確]

(5) 左邊：**7**　右邊：**5**　[錯誤]

(6) 左邊：**8**　右邊：**8**　[正確]

(7) 左邊：**3**　右邊：**3**　[正確]

(8) 左邊：**3**　右邊：**3**　[正確]

(9) 左邊：**3**　右邊：**3**　[正確]

(10) 左邊：**5**　右邊：**5**　[正確]

第三章

印度式應試技巧

這一章要跟大家聊聊，使聰明猜題法失效的考試恐懼症。

其實本書一開始提到的聰明猜題法有幾個罩門：準備不夠充分、自信心不足、害怕失敗、考試恐懼等。一旦出現這些問題，應試者會無法專注，感覺很有壓力，然後導致失敗。最嚴重的問題是考試恐懼（因為考試而十分緊張的情況）。這會導致考生無法發揮實力。我來描述一下考試恐懼症的症狀，以及克服方法。

何謂考試恐懼症

考試恐懼症指的是某些學生對於考試所出現的情緒反應。害怕考試，其實是一種不理性的恐懼，畢竟，你在各項考試中的表現會影響到你的未來。而且過分害怕考試更會干擾你邁向成功。

考試恐懼症的三種層面

考試恐懼症分為三種層面。
①生理層面
②情緒層面
③心理層面

生理層面包括緊張時出現的身體反應：胃痛、手心出汗、發抖、噁心想吐或者反胃、肩膀和頸背酸痛、口乾舌燥、心跳加快等。情緒層面包括害怕、慌張或擔憂。例如，曾有一個學生對我說：「我知道我一定做不到啦！」這就是心理或認知上的問題，包括無法集中注意力，記不

起來（「我的思緒跳來跳去」）以及煩惱(「我一定會失敗的」)。

考試恐懼症的症狀

- 害怕會忘記
- 害怕來不及作答
- 坐立不安
- 記憶突然中斷
- 胃口改變
- 手心出汗
- 生氣
- 困惑
- 無法專心
- 胃痛或胃不舒服
- 呼吸急促，喘不過氣
- 緊張兮兮
- 喉嚨乾啞

克服考試恐懼症

保持正面心態，相信自己已做好準備，也很有效率地讀過書，這是避免焦慮、恐懼的最簡單方法。

接下來分別要從生理、情緒、以及心理層面來討論如何控制恐懼。

生理層面

當你注意到自己出現這些症狀時，可以嘗試下面介紹的放鬆技巧。

它非常簡單，不過如果你想在考試臨場時用上，而且發揮效果，那麼事前就要多練習幾次。

- 採取舒服的姿勢坐在椅子上，盡量讓身體垂靠在椅背上。
- 接著，將身體各部位的肌肉先緊繃，再放鬆。從雙腳開始，慢慢向上移到頸部和臉部等。
- 閉上眼睛。
- 慢慢地深呼吸。
- 注意力集中在吸氣和吐氣。
- 每次呼氣的時候，告訴自己：「放鬆」。

情緒層面

情緒層面會出現的症狀包括負面的想法或煩惱。我們的重點應該放在降低這類想法，避免它引發焦慮及恐懼。有些容易考試緊張的學生，老是想一些負面的事，或和考試無關的念頭。研究顯示，如果用正面想法來取代負面想法，考試恐懼症的情況就可以降低。要做到這一點，首先你要意識到在考試中，自己產生了什麼想法。以下將負面和正面想法一一列出。你必須遵照下面三個階段來打消負面想法，盡可能用下頁表中建議的正面想法取而代之。

負面想法	正面想法
考試前： ・我一定考不過 ・我一定會慌張過頭，每次都這樣 ・要是可以不用考試就好了 ・書念不完 ・為什麼我不多準備一點呢？	・我不一定要完美 ・匆匆忙忙不一定有幫助 ・不要患得患失 ・我有辦法掌握情況 ・放輕鬆，不過是個考試
考試中： ・別人都寫得比我快 ・我真是笨透了 ・別人一定注意到我的手在發抖 ・腦子怎麼一片空白 ・乾脆放棄好了，反正也沒差 ・有人已經開始交卷了	・不要管別人，專心作答 ・我不用證明自己 ・按部就班，穩扎穩打 ・我覺得全身緊繃，我應該放鬆下來 ・氣餒並沒有幫助 ・好好把握時間專心作答
考試後： ・我知道考得很爛 ・我一定被當 ・我的腦子有問題 ・這不是我適合的領域 ・爸媽會怎麼說？	・我知道我會過關 ・本來可能更糟 ・我表現得還不錯 ・真好，我做到了 ・我可能不是最好的，不過也不是最差的

心理層面

如果你經常在考試時出現「記憶中斷」的情況，那麼在作答前，請先把試題翻到背面空白處寫下所有公式、重要詞彙、重要觀念等。寫完後，再翻回正面開始作答。如果作答期間又出現記憶中斷的情況，就再把試題紙翻過來，看看那些筆記能不能誘發記憶。

導致失敗的原因

這一章的目的是要讓學生了解，犯了下列常見的五大錯誤，必須要付出很大的代價。

這非常重要，我把學生常犯的錯誤詳述如下。

過度自信

學生通常會因為太過自信，而沒有投入足夠的時間來準備考試。有信心當然是好事，但過分自信是很危險的。我碰過很多學生，他們覺得自己做得到，因此準備的時間太少或努力不夠。結果面臨考試時，往往沒辦法過關。

粗心大意

這是最危險的一個陷阱。考題講的是一回事，結果考生看成另一回事。最明顯的答案竟然是錯的。考生沒有仔細讀完注意事項就開始作答。這都是因為大家在作答時，假設自己已經了解題目要問的是什麼，這無異是自取滅亡。我建議大家要仔細閱讀考題前面的注意事項，至少花十到十五分鐘

的時間。一般來說，照此建議去做的考生都表現得很好。這一章的最後有一個練習，你可以測試一下自己是不是有粗心大意的習慣。

準備不充足

有些考生到最後一刻才會臨時抱佛腳（例如，大考前的一個月）。有些學生在考試前，連續好幾天不睡覺，希望在短時間內盡量衝刺。但是，這是不可能的事。

於短時間內能學的東西有限，每次準備的時間不應該超過2到3小時。不論是哪一種考試，前一天唯一要做的事就是好好放鬆。

反應過度

反應過度會造成考試焦慮。我發現很多學生因為緊張、反應過度，把答案改來改去。他們覺得改過才是正確的。不過通常改過的答案反而是錯的。因此我強烈建議，除非你有非常充分的理由，不然不要輕易修改答案。

跳躍式作答

有些學生會在不同題目類型裡反覆來回作答，一下作選擇題、一下又跳到是非題。在大考時請盡量避免出現這種情況。你應該先花十分鐘把整份考題看過一遍，然後好好分配作答的時間。

以下這個範例，是考題前面的注意事項：

作答注意事項：

姓名：＿＿＿＿＿＿＿＿

系別：＿＿＿＿＿＿＿＿

單位／學校：＿＿＿＿＿＿＿＿

1. 作答前先仔細讀完題目，作答時盡可能加快。
2. 將名字、系別和單位／學校寫在右上角。
3. 你喜歡這個科目嗎？＿＿＿＿＿＿＿＿
4. 把考題的標題圈起來。
5. 在名字下方寫上准考證號碼。
6. 你喜歡你的公司／學校嗎？
   　請在選項下畫線：　是　否

7. 朝你隔壁那個考生的背用力拍一下。
8. 你喜歡你的職業嗎（工作／研究）？
   　請在選項下畫線：　是　否

9. 你對公司或學校的升遷／評分制度滿不滿意？
   　請圈出答案：　是　否

10. 寫出你主管／最喜歡的老師的名字＿＿＿＿＿＿＿。
11. 寫出你的職業＿＿＿＿＿＿＿＿。
12. 你希望在公司／家庭有更多主導權嗎？
13. 你喜歡你的朋友嗎？　請圈出答案：　是　否

14.如果你撐到這一項,請大聲說出你的名字。

15.把手舉起來。

16.如果你還在讀這些注意事項,請到黑板前面說:「是的,我還在讀。」

17.大聲說出ABCDEFG。

18.在所有考生完成測驗之前,請不要發出任何聲音。

19.你現在真的有在仔細閱讀注意事項了。請按照第1、2、4項的指示做。

20.請勿以評論或解釋的方式洩露考題。

第四章

印度
考試狀況

印度考試狀況

　　讀完這一章後，你應該能夠了解為什麼需要運用聰明猜題法以及秒算法，為什麼它對考試的成功很重要。

　　高度競爭的考試和學校裡的一般考試或入學申請不一樣。首先是目的不同。大學裡課堂考試的目的，是希望讓大多數應試學生都能過關。

　　印度的學校在設計考題時，通常是讓學生在八到十題裡面挑五題作答。有時候甚至還會提供不同的替代題目讓學生選擇，因此非常簡單。

　　這類考試通常都有三到四小時的作答時間，把試卷上的每一題作完，時間上根本綽綽有餘。這種考試的計分方式，是讓教師透過閱卷，來評量學生的理解程度，而且評分時牽涉很多主觀因素，學生即使不完全知道答案，也能通過考試。

　　不過，高度競爭的考試就不是這麼一回事了。眾多的考生要角逐極少數的名額，而從考試中要挑選出成績最好的考生。

　　高度競爭的考試，考題裡面一定有很多複選題，答題時間通常有限。評分通常是用電腦閱卷，答錯還會倒扣分數。

　　這種倒扣制的計分法大幅提升了考試的難度。錯誤的選項會讓學生付出相當大的代價，因此考生總是小心翼翼、推敲再三。我們就來分析一下，印度國內一些知名考試是怎麼進行的。

印度理工學院聯招（IITJEE）

　　印度最知名的理工學院，統稱為IIT（Indian Institute of Technology, IIT）。IIT畢業的學生，在全世界都有很好的評價。這些學校造就了很多科學家和企業領袖。統計顯示，參加印度理工學院入學考試的考生，錄取率只有3％。換句話說，必須是菁英中的菁英才能入學。

　　這個印度理工學院的聯合考試，大約只收二千五百名學生。其他的怎麼辦？有些到各地區的工程學校，有些則去各省的大學。但即使在地方性的學校，其聯招錄取率也是每三十名到四十名只取一名。

印度商學院聯招（CAT）

　　印度一流的商學院稱為IIM（Indian Institute of Management, 簡稱IIM）。商界許多菁英都是IIM的校友。每年十一月到十二月，IIM所舉行的聯招（Common Admission Test，簡稱CAT），總會吸引為數眾多的考生報名應試，但錄取名額僅約一千四百人。

　　這是印度最困難的考試之一。CAT的困難度在於時間限制以及考題的類型。通常CAT有165到175題，要在一百二十分鐘內作答完畢。也就是說，每一題分配到的時間只有40秒。由於時間非常緊迫，考試的複雜度自然跟著提高。而且，CAT的計分方式是倒扣制的。因此，通常會建議應試的學生除非有把握，不然不要亂猜題。

MCA考試

MCA（Master of Computer Applications，簡稱MCA）考試是通識性的測驗，目的是評量學生在壓力下，本身所能展現的字彙、數學、分析及一般能力。雖然這類考試都會測驗數學能力，但有愈來愈重視分析技巧及英語能力的傾向。考題中通常會有一題申論題。有些則是申論、是非、填空、簡答等混合型式。專家認為MCA考試非常困難，因為每個機構的錄取名額只有30到40名。有時候還會有倒扣制的計分方式。

公務員考試

印度的公務員考試是最有名的測驗之一。每年都會有數以百萬計的家長，希望自己的孩子能透過這項考試，有朝一日成為地方首長。

印度德里大學的金禧大樓（Golden Jubilee Hostel）是許多嚮往公職生涯的人夢寐以求的地方。因為每年從這裡出來的學生，有很多人都能通過公務員考試。

公務員考試分為兩階段 —— 初試和複試。參加初試的考生很多，但只挑出一萬名參加複試。而在一萬名當中，最後錄取的卻只有七百五十人。

醫學院入學考

醫學院的入學考跟理工學院聯招一樣有名。其中又以德里的全印度醫學科學院（All India Institute of Medical

Sciences, 簡稱AIIMS）和浦那的軍事醫學院（Armed Forces Medical College, 簡稱AFMC）最為頂尖。錄取率約為3%。

 GRE／GMAT

GRE（Graduate Record Examination）、GMAT（Graduate Management Admission Test）屬於電腦適性化測驗，在螢幕上一次只顯示一題題目，而且還有時間限制。這類考試中，考題會依序出現在電腦上，一旦按下答案就不能改變。螢幕上接下來會出現什麼題目，完全看考生之前答題的程度如何。換句話說，考生在作答的同時，電腦就已經在計分了。考生最後得到的成績，是依據答對的題數，以及題目的難易度來計算。

 結論

雖然大部分的學生都很努力，但只有一小部分的學生可以完成夢想，通過考試。

高度競爭的考試有一個共同點 —— 時間限制，不過考題的困難度則各有差異。

試著
算算看

試著
算算看

印度吠陀數學 —— 秒算法
普拉地・庫馬◎著　定價200元

　　本書教授古印度天文學理論延伸而來的吠陀數學秒算法，讓我們脫離一般的繁複計算，只要使用簡易的公式計算，跟著本書循序漸進學習，你就能練就快速解答乘法、除法、平方、立方、平方根、立方根，甚至是聯立方程式也能輕鬆計算的神奇功力！

　　這個神奇的工具在算術領域是獨一無二的法門，其效用有二：
★幫助學生增進計算速度
★有益於準備MBA／CAT測驗（電腦適性測驗，Computerized Adaptive Testing，簡稱CAT）。

　　即使你不是學生也可以當作腦力訓練。

即將出版推薦新書

阿基里斯永遠追不上烏龜 —— 數學腦養成八大技巧

藤原和博、岡部 治◎合著
洪萬生◎審定

　　數學腦（數學邏輯思維）能幫助我們釐清複雜的訊息，看清事物本質，找出問題核心，進一步解決問題。藉由有趣的數學題目延伸出的八大技巧，讓你培養出會思考的數學腦，即使對數學卻步的人也能輕易養成理解力、推理力、直觀力、思考力、想像力、創造力等生存必備能力！

國家圖書館出版品預行編目資料

印度吠陀數學速解法 / 普拉地. 庫馬著；羅倩
宜譯. -- 初版. -- 新北市新店區：世茂,
2009.04
面； 公分. -- （數學館；9）
譯自：Vedic mathematics for intelligent
guessing
ISBN 978-957-776-969-5（平裝）

1.算術 2.運算 3.印度

311.1   97022270

數學館 9

印度吠陀數學速解法

作　　者／普拉地・庫馬
譯　　者／羅倩宜
主　　編／簡玉芬
責任編輯／李冠賢
封面設計／TONY
內文插畫／TONY
版式設計／江依坪
出 版 者／世茂出版有限公司
地　　址／（231）新北市新店區民生路 19 號 5 樓
電　　話／（02）2218-3277
傳　　真／（02）2218-3239（訂書專線）、（02）2218-7539
劃撥帳號／19911841
戶　　名／世茂出版有限公司
　　　　　單次郵購總金額未滿 500 元（含），請加 50 元掛號費
酷 書 網／www.coolbooks.com.tw
製　　版／辰皓國際出版製作有限公司
印　　刷／祥新印刷股份有限公司
初版一刷／2009 年 4 月
　六刷／2017 年 12 月

ＩＳＢＮ／978-957-776-969-5
定　　價／200 元

Printed in Taiwan

請沿虛線向下裝訂寄回，謝謝！

讀者回函卡

感謝您購買本書，為了提供您更好的服務，歡迎填妥以下資料並寄回，我們將定期寄給您最新書訊、優惠通知及活動消息。當然您也可以E-mail：service@coolbooks.com.tw，提供我們寶貴的建議。

您的資料（請以正楷填寫清楚）

購買書名：＿＿＿＿＿＿＿＿＿＿＿＿＿＿＿＿＿＿＿＿＿

姓名：＿＿＿＿＿＿＿　生日：＿＿＿年＿＿月＿＿日

性別：□男 □女　　E-mail：＿＿＿＿＿＿＿＿＿＿＿

住址：□□□＿＿＿縣市＿＿＿＿鄉鎮市區＿＿＿＿路街
　　　　　　＿＿段＿＿＿巷＿＿＿弄＿＿＿號＿＿＿樓

　　　聯絡電話：＿＿＿＿＿＿＿＿＿＿＿＿＿＿＿＿

職業：□傳播 □資訊 □商 □工 □軍公教 □學生 □其他：＿＿＿

學歷：□碩士以上 □大學 □專科 □高中 □國中以下

購買地點：□書店 □網路書店 □便利商店 □量販店 □其他：＿＿＿

購買此書原因：＿＿ ＿＿ ＿＿ ＿＿ ＿＿ ＿＿（請按優先順序填寫）
1封面設計　2價格　3內容　4親友介紹　5廣告宣傳　6其他：＿＿＿

本書評價：＿＿ 封面設計 1非常滿意 2滿意 3普通 4應改進
　　　　　＿＿ 內　容 1非常滿意 2滿意 3普通 4應改進
　　　　　＿＿ 編　輯 1非常滿意 2滿意 3普通 4應改進
　　　　　＿＿ 校　對 1非常滿意 2滿意 3普通 4應改進
　　　　　＿＿ 定　價 1非常滿意 2滿意 3普通 4應改進

給我們的建議：＿＿＿＿＿＿＿＿＿＿＿＿＿＿＿＿＿＿＿
＿＿＿＿＿＿＿＿＿＿＿＿＿＿＿＿＿＿＿＿＿＿＿＿＿＿＿
＿＿＿＿＿＿＿＿＿＿＿＿＿＿＿＿＿＿＿＿＿＿＿＿＿＿＿

電話：(02) 22183277
傳真：(02) 22187539

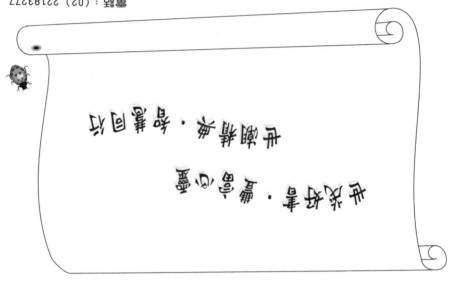

好書出版・銷售回饋
世茂出版集團
世茂・世潮・智富

廣告回函
北區郵政管理局登記證
北台字第9702號
免貼郵票

231新北市新店區民生路19號5樓

世茂
世潮 出版有限公司 收
智富